翻轉學

翻轉學

職場致勝必學的

人性心理學

ビジネス心理学大全

活用50種心智法則，掌握人心，
幫你擺脫倦怠、改善人際、有效管理、提升業績

榎本博明——著　李貞慧——譯

Psychology in Business

目 錄

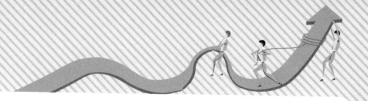

目 錄

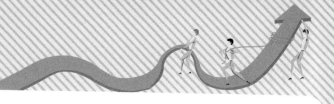

目　錄

好評推薦

「無知令人恐懼，知識則能產生戰勝職場怪獸的力量。覺得工作好苦、人生好難？用抱怨的時間來看這本書吧，掌握打怪魔法，從此工作就是好好生活。」

—— 白慧蘭，微軟資深產品行銷協理暨

工作生活家社群主理人

「作者以深入淺出的方式，介紹了許多工商心理學領域所關注的重要議題，想了解工商心理學，且運用在職場中的人，千萬不要錯過本書。」

—— 呂亮震，工商心理學博士、

擺渡人生學校共同創辦人兼執行長

「既然我們脫離不了人群，何不了解人性，讓職場、人際無往不利。」

—— 解世博，超級業務、超業講師、行銷表達技術專家

前言
懂人性，工作自然更順利

　　說到職場心理學，很多人可能丈二金剛摸不著頭腦，許多人會為了工作學習經濟學、管理學，或閱讀銷售、會計等提升專業技能的書籍，但很少人會學習心理學。

　　雖然很少人學，但心理學的優點卻很多。因為工作中，很多情境其實都與心理學息息相關。

　　舉例來說，如何讓沒有拚勁的員工士氣高漲、如何讓自己發憤圖強，都是心理學能解答的問題。

　　每家公司都會有員工對考績不滿，為什麼會不滿？如何消除不滿等問題，其實也都是心理學的守備範圍。

　　另外，上班族最主要的壓力來源，據說是職場人際關係。事實上職場人際關係真的十分棘手，但只要能了解背後潛藏的深層心理，就可以減輕來自人際關係的壓力。

　　為了公司的營運，經營者和管理階層也常傷透腦筋。其實要學會有效的領導，和避免決策錯誤產生的風險，心理學也都能提供我們許多解決的線索。

　　對經營者和管理階層來說，最重要的課題就是如何讓營收成長，雖然這與行銷手法有關，但其中其實也牽涉許多心理學

的知識。

總而言之，所謂職場，就是人與人互動的地方。每個人憑藉心裡的想法和感受，做出行為與決定，所以工作的各種情境都和人性息息相關。

因此我蒐集了可實際運用在各種工作情境的心理學知識，將其可以活用的方法，彙整為職場致勝必備的心理學大全，能有效解決各種工作難題，並以 Q&A 的問答形式，說明實行的方法。

坊間雖然也有一些標榜職場心理學的書籍，但大多欠缺科學根據。本書為了讓你學會正確的職場心理學知識，並應用在工作中，所提出的知識、見解都具有科學根據。

本書共分 5 章，你可以先看目錄，從自己有興趣的章節讀起，我相信一定會對工作有所幫助。

在此由衷感謝認同本書概念，並辛苦編輯的日經 BP 日本經濟新聞出版本部的細谷和彥先生。

希望你閱讀本書後，都能獲得職場心理學這項武器，用來解決工作中面臨的各種問題。

Motivation

第 1 章 找回拚勁的「激勵心理學」

01

如何讓表現不佳的人，
提升拚勁？

▶ 比上不足、比下有餘

Question

有位部屬明明表現不怎麼樣，但本人
卻好像很滿意現狀，一點也不覺得需
要改善；表現好的部屬，反而不滿意
自己的現狀。我覺得他們的心態好像
應該要交換，到底該怎麼做，才能讓
表現不好的部屬更有拚勁呢？

　　表現好的人不滿意現狀，會努力提升自己各方面的實力；不成熟且實力不夠的人反而安於現狀，完全沒有危機意識、漫不經心。這種狀況的確很常見。

　　這雖然是因為每個人的積極程度不同，但還是必須想辦法讓工作表現不佳的人更有拚勁，變成戰力才行。該怎麼做呢？

　　也許有人會說，公司不用浪費資源在這類人身上，不過這當中，其實有許多複雜的心理因素交錯，也不是裁員就能了事。只要理解這類人的心理，一定就可以找出因應之道。

聽到他人的失敗經驗，會有慶幸感

　　首先，要請你回想，聽到別人分享失敗經驗時，你是什麼感覺？

　　本來擔心自己不夠好，但聽到別人**分享失敗經驗，能夠舒緩不安心情**。閒聊時只要一談到失敗經驗，不論是在客戶家或在公司內，都可以立刻炒熱場子。這其實是一種心理機制的運作。

　　為什麼聊到失敗經驗就可以緩和現場氣氛呢？那是因為聽者會覺得「這個人好可憐」，對說者產生親近感，聽到別人做的蠢事，會覺得「跟我一樣！」甚至覺得「我比他好多了」，

產生慶幸感。從某個角度來說，聽者會有一種高人一等的心態，因此也會放下戒心。

「比下有餘」，讓人產生優越感

所謂「比下」，指的就是和比自己差的人比較。比較後覺得「自己比較好」，因此得以放心。

> **有人喜歡比上，有人喜歡比下**
>
> **比上**
> 和實力、實績優於自己的人比較
>
> **比下**
> 和實力、實績不及自己的人比較
> ▼
> ## 放心安於現狀

工作表現好的人，特別像是受客戶喜愛的業務員等，為避免自己成為同事嫉妒的對象，不但不會炫耀自己的成果，反而喜歡說自己做的蠢事。他們知道可以藉分享失敗經驗，來緩和現場氣氛，展現自己的親和力，深入對方內心。

　　午餐時和同事一起閒聊，大家都在說自己負責的客戶窗口姿態多高、多讓人生氣時，你只不過陳述事實，說自己的客戶窗口人很好，同事就帶著攻擊性的語氣酸你：「你在炫耀嗎？你想說的是客戶很信任你吧？」讓你不知所措。我想一定有人有這種經驗。

　　當事人可能覺得很委屈，明明自己沒有炫耀的意思，只不過如實說出事實而已。不過仔細想想，這種發言的確太缺乏同理心。雖然不是所有人聽了都會覺得刺耳，但如果能事先避免誤會，何樂而不為。

　　越缺乏自信、有自卑感的人，越容易把別人沒有惡意的話，聽成是在炫耀。所以光是避免炫耀是不夠的，這個時候「失敗經驗」就派上用場了。

　　分享失敗經驗可帶來「比下有餘」的效果，維護對方的自尊心。失敗經驗就像是證明自己不具威脅性的證據，可以讓缺乏自信、愛嫉妒的人安心。

「比上不足」，讓人積極向上

　　如此看來，「比下有餘」也就是和不構成威脅的人比較，讓自己安心，大多數人都有這種心理。

　　只是這也有程度之分。心理學研究結果顯示，越消極的
人，越傾向「比下有餘」；而越積極的人，越傾向「比上不
足」。

　　頂尖運動員賽後常說「我應該還可以做得更好」，是因為
他們的比較對象是實力更好的選手，或比自己更好的紀錄，也
就是自覺「比上不足」。他們經由向上比較而發憤圖強。

　　工作也一樣。積極的人就算做出好成績，也會自覺「比上
不足」，認為必須再增進自己的實力、必須做出更好的成果。

　　反之，消極的人就會和成績不如自己的人比較，告訴自己
「我還不是最糟的」，讓自己安心。積極的人經由比較，產生
「發憤圖強」的想法；消極的人則經由比較，產生「這樣就夠
了」的想法，因而鬆懈。

　　這種心理習慣很可能是因為，小時候向上比較時受到傷
害，甚至覺得自己很沒用，為了安慰自己而學會的做法。

　　對於消極的人，主管應該輔導他的工作技巧，給他心理上
的支持，引導他「可以更好」，讓他朝更高的目標邁進。

鬥志心可以差這麼多

積極的人

↓

比上不足
鬥志更高昂！

自己還不夠好

消極的人

↓

比下有餘
鬥志停滯不前⋯⋯

自己還不算太差

02

如何順利交辦工作？

▶ 求成導向、避敗導向

Question

有一位部屬個性認真，也算會做事，
但每次想交辦重要工作時，他都會猶
豫。如何才能讓他更積極？

　　部屬總是太消極，如果能再積極一些就好了，這是許多經營者和管理階層共通的困擾。而且越是衝勁十足的主管，越容易有這種感受。

　　如果是因為還不熟悉、無法熟練地完成工作而猶豫，還可以理解，可是明明工作已經很順手，能力也沒問題，每次交代新工作或重要工作時，都會猶豫，總是找藉口逃避：「目前的工作我還沒有做得很好，先暫時讓我維持現狀吧」、「可以交給別人嗎？」很多主管不懂部屬有什麼好猶豫的，「如果是我一定立刻接下挑戰，這可是天賜良機啊！」很多人想知道，這背後到底是什麼心理因素在作祟。

面對挑戰時，是追求成功，還是避免失敗

　　通常有這種疑問的人，鬥志都很高昂，只要覺得這是一個機會，就勇於挑戰，但也有人因為沒有自信而猶豫不決。這兩種人差在哪裡呢？

　　要回答這個問題，需要先把追求成就的動機，分成兩種來看。每當一個人猶豫要不要迎接挑戰時，其實心中就是這兩種動機在角力。這兩種動機就是「求成導向」和「避敗導向」。

　　美國心理學家約翰‧威廉‧阿特金森（John William

Atkinson）認為，一般提到工作心態時，除了「求成導向」，還有「避敗導向」。面對挑戰時的反應，便是這兩者角力後的結果所致。

　　每當遇到事情時，除了會想「如果一切順利就太棒了」，也會有「萬一失敗怎麼辦」的想法掠過腦中。前者就是「求成導向」的心理反應，後者則是「避敗導向」心理反應。

追求成就的兩種動機

求成導向
＝
追求成功
的動機

\ 追求成功 /

避敗導向
＝
避免失敗
的動機

\ 畏懼失敗 /

　　很想放手一搏獲得成功，但另一方面也害怕失敗，二者的均衡點因人而異。哪一種動機的比重較高，決定了一個人是勇於面對挑戰，還是猶豫不決。

　　被交辦新工作或重要任務就會猶豫的人，可說是「避敗導向」高於「求成導向」；相對地，看到這種人會覺得恨鐵不成鋼的人，則是「求成導向」高於「避敗導向」的人。

根據成就動機，指派適合的任務

　　「求成導向」的人和「避敗導向」的人，心理機制完全相反，這一點已經獲得心理學實驗的證實。一個人喜歡接受什麼樣的任務，會因為成就動機而不同。

「求成導向」者喜歡成功率只有一半的挑戰

　　對於「求成導向」的人，與其給他成功機率100％或0％的任務，不如給他們50％的任務。不確定能否順利完成，成功機率一半一半的挑戰，更能激發鬥志。

　　換言之，不畏懼失敗的人，一旦面臨「不確定能否順利完成，但只要好好做就可能成功」的時候，反而會激發挑戰欲，燃起鬥志；任何人都能完成的任務，對他們來說一點也不好玩，也就無法燃起鬥志；而絕對不可能成功的任務，更是無法激起他們想挑戰的欲望。

　　用運動比賽來比喻，就很容易了解這種心態。和一定可以贏的對手，或絕對贏不了的對手比賽時，一定都提不起勁；但和實力差不多的對手比賽時，就會激起挑戰的欲望，鬥志旺盛。工作也一樣。

　　如果部屬是這種人，給他成功機率 50％，有一定難度，但只要努力下工夫或許會成功的挑戰性任務，應該很有效，能激發他們的鬥志，全力以赴。

「避敗導向」者只要覺得做得到，就會拿出拚勁

　　至於「避敗導向」的人，當成功機率為 0％ 或 100％ 時，反而會展現出積極的態度。

　　也就是說，面臨任何人都做得到、絕對可以成功的任務時，他們不用擔心失敗，工作上也會較積極；而面臨絕對做不到的任務時，他們心裡會想，反正大家都做不到，就算自己做不到也沒關係，因此減少了對失敗的恐懼，得以維持積極工作的心態。

　　相對地，對於只要努力就可能做得到，但不保證一定會成功的工作，他們就會很擔心「萬一失敗怎麼辦」，因而想逃避，無法拿出拚勁。

　　如果部屬是這種人，給他一定做得到的課題，就能讓他發

揮實力。而且為了降低他對失敗的不安，也要提供他方法或技術面的建議，萬一出現狀況，也要適時輔導，讓他放心。

因應成就動機，提供適合的任務

「求成導向」的人：

追求做得有意義（只要努力就有可能做到的想法，能激發拚勁）

→ 提供困難的任務

「避敗導向」的人：

追求安心（一定做得到的想法，能激發拚勁）

→ 提供一定做得到的任務，並備妥後援，讓他放心

03

制定 SOP，
員工一樣沒動力？

▶ 自主需求

為了避免部屬犯錯，我努力整理標準
作業流程，指示時也很仔細，認真又
親切地指導部屬，可說是提供了一個
簡易的工作環境，但我總覺得部屬士
氣很低落。我哪裡做得還不夠？

　　為追求效率、避免犯錯，業界都在導入標準作業流程
（SOP）。要讓工讀生或派遣人員等不熟悉職場的人，也能成
為即戰力，SOP 是必備的工具。

　　此外每個人特質不同，有人反應快，有人反應慢；有人會
顧慮到其他人，有人不會；有人細心，有人粗心，導致工作表
現也各不相同，**為了把個人特質造成的差異降到最低，SOP 也
是不可或缺的工具**。特別是面對顧客的行業，為避免客訴，連
如何應對顧客，也有 SOP。

　　工作有 SOP，指示仔細，還誠懇耐心地指導具體做法等，
員工作業時就不會手足無措，也不用擔心失敗，應該可以安心
工作。

　　然而這樣只能讓員工安心，確保最低程度的工作士氣，要
再提升士氣就必須加入其他條件，「自主性」（autonomy）就
是關鍵。

凡事遵照 SOP，無形中也剝奪了工作的樂趣

　　工作步驟和具體做法都有詳細的規定，只要照著做就好，
這樣應該可以消除員工的不安，讓他們放心工作。

　　然而光是消除不安並無法提升士氣。我們來想想下面這些

常見的員工不滿。

　　「我們主管的口頭禪就是『別囉嗦，照我說的做就是了！』只要提個小問題，馬上就丟出這句話來。真的很不想做了。」

　　「我覺得這樣做比較好，就自己花心思做了調整，結果被主管說『你為什麼自作主張？照我說的做！』就算調整後成效很好也沒用。我又不是機器人，為什麼不能自己決定呢？每當想到這裡，我就沒動力再做下去了。」詢問員工哪種主管會讓人不想工作時，常聽到員工這麼說。

SOP 的優缺點

優點　✓ 有效率
　　　✓ 可預防風險
　　　✓ 可避免個人因素影響工作成果

缺點　剝奪自己想的空間
　　　▼
　　　無法發揮個人所長
　　　▼

無法感受到工作的意義

　　站在主管或經營者的立場，讓員工照指示做事比較有效

率，可以放心。把個人想法和判斷的空間降至最低，可以預防還不熟悉工作或考慮不周的員工，因自行判斷產生的風險。

可是這裡也藏著士氣管理的陷阱。太過追求效率和預防風險，反而可能讓員工失去拚勁。

自主權是每個人的基本需求

美國心理學家亨利・莫瑞（Henry Murray）提出每個人都有心理需求，其中一種就是自主需求。**自主需求，指的是抗拒強制與束縛，希望跳脫權威，自由的行動。**

大家可以回想一下自己小時候。放學回家吃完飯後去看電視，正想到「該寫功課了」，卻聽到爸、媽說「你要看到幾點？還不快去寫功課！」結果反而心生反抗，「我本來正要去寫功課，被你這麼一說，我一點都不想寫了」。內心雖然覺得「再不寫功課就糟了」，但卻使性子繼續看電視。應該不少人都有類似的經驗。

每個人都想把自主權掌握在手上，這是一個人的基本需求。雖然結果一樣，但自己主動去做和被人叫去做，士氣可是相差十萬八千里。

身為管理階層和經營者，或許部屬和員工聽從指示辦事，

較能讓你們放心,但這樣做很容易讓員工喪志,業績也因而難
以提升。

 讓工作擁有自主發揮的空間

但這也不代表不能導入 SOP,重要的是,即使為了追求效
率或預防風險,而導入 SOP,也要留下個人發揮創意的空間。

特別是工作仔細的人著手編製 SOP 時,常常會努力把
SOP 制定得鉅細靡遺。但這種 SOP 會讓員工士氣跌落谷底。
回顧自己編製 SOP 時的用心,你應該可以發現發揮創意的快
樂,有助於提升士氣。主管必須注意到,如果員工只要照本宣
科就好,那就等於是剝奪員工發揮創意巧思的快樂。

如果是原本就對自己能力沒有自信的人,或工作士氣不高
的人,剝奪他們自主發揮的空間,不會有太大的問題,但**越是
對自己能力很有自信,對工作鬥志高昂的人,缺乏自主發揮的
空間會重挫他們的士氣**。這樣就是公司的一大損失。

另外,對於個人用心發揮的部分,也要認真評價並給予
認可,這一點很重要。這麼一來,不但可以滿足員工的自主需
求,還可以滿足尊重需求,士氣一定大增。

只照著 SOP 做事很無趣！

自主需求　→ 每個人都想把自主權掌握在手上
$$\left(\begin{array}{l}\text{像個機器人一樣，一個口令一個動作，}\\\text{無法提升士氣}\end{array}\right)$$

所以……

要留下自主發揮的空間

→ 滿足自主需求、尊重需求！

04

待遇福利不差，
為何流動率還很高？

▸ **成長需求**

Question

近年來，越有拚勁的年輕人，越容易
因為不滿而提辭呈。為了阻止人才流
失，公司提供不遜於同業的薪資，不
過除此之外，還有其他對策嗎？

　　好不容易招募來的人一下就遞辭呈走人了。訓練新人既花錢又花時間，好不容易訓練到可以獨當一面，人卻走了。到底怎麼做才留得住人呢？不少經營者都有一樣的煩惱，年輕人動不動就離職，對資方來說已經是不得不正視的問題了。

　　求職過程那麼辛苦，好不容易找到工作了，為什麼輕易就遞辭呈呢？

離職未必是因為待遇差，而是……

　　最近年輕人動不動就說「我想成長」、「我要做可以讓自己成長的工作」。

　　以前轉換跑道的人，很多都是因為對原本薪資或體制等待遇不滿，希望藉著跳槽提高待遇。但最近年輕人提辭呈的原因，似乎不一定是對待遇不滿。

　　想換工作的年輕人常抱怨「這根本不是我想做的事」、「現在的工作和我原本的想像不同」等，試著問他們到底對現在的工作哪裡不滿，他們的說法是「現在的工作對我的成長沒有幫助」、「老做這種工作無法成長。我想做讓我覺得有所成長的工作」等。

　　由此可知，現在的年輕人強烈希望，從事有助於自我成

長、能感受到自己確實成長的工作。

因此，光改善薪資、福利或體制等待遇，也無法阻止年輕人離職。大多數離職的人應該有其他方面的不滿。

人們的需求發生轉變

這裡必須考慮的是人類需求結構的變化。

貧窮時代，金錢報酬就是影響士氣的關鍵；到了渴望出人頭地的時代，影響士氣的關鍵則變成了權勢地位。

可是時至今日，經濟考量不再那麼重要，出人頭地的願望也沒那麼強烈，金錢報酬和權勢地位已經不再是影響士氣的關鍵了。

人類的需求結構變化

貧窮時代

→ 金錢報酬是影響士氣的關鍵

渴望出人頭地的時代

→ 權勢地位是影響士氣的關鍵

　　到了現今，提升士氣的關鍵已經轉向為滿足成長需求。在追求經濟富裕的時代，重點在滿足基本需求，薪資待遇等的確可以提升士氣，但現在這麼做是不夠的。

　　我偶爾會聽到有人感嘆，再怎麼提高待遇也留不住人才。這就是未能因應需求轉換的結果。

　　在成長需求強烈的時代，重要的是優先滿足成長需求。不過前提當然是有合宜的經濟待遇。

　　有些公司看準年輕人對成長需求的重視，會特意強調工作意義，用低報酬壓榨年輕人的勞動力，這種公司就是所謂的黑名單企業。這種做法非常不可取，我在此提出，只為強調，年輕人對追求成長的堅持，已經強烈到讓這些黑名單企業得以橫行的事實。

讓員工感受到自己成長的提醒

　　從士氣管理的觀點來看，我們需要滿足成長需求的提醒。

　　此時我們應該思考的是，人在什麼時候，會實際感受到自己成長了？以下舉 5 個典型的例子。

可以順利完成以前做不好的事時

例如，失誤比以前少。原本需要主管或前輩從旁輔佐，現在可以獨力完成了。這時就會感受到自己有所成長。

會做的事、懂的東西變多時

這正是自己逐步學會一項工作的證據，可明顯感受到自己的成長。

可解決困難問題時

看到主管或前輩熟練地完成工作、解決難題，深深覺得自己還差得遠。我想每個人都有這種經驗，等到自己終於可以熟練地完成工作、解決難題時，就可以感受到自己的成長。

被主管或前輩稱讚時

一開始老是被糾正、被罵，後來慢慢上手了，自己的做事方法和成果還獲得稱讚。這時不但開心，同時也會感受到自己成長進步了。

被指派重要工作時

被指派重要工作，就表示主管認為交給你沒問題，也是主管認為你已經可以獨當一面的證據。這會讓一個人信心大增，實際感受到自己的成長。

記得這些時刻，隨時滿足員工的成長需求。

何時覺得自己成長了？

1. 以前做不好的事，現在可以順利完成了

2. 會做的事、懂的東西變多時

3. 可解決困難問題時

4. 被主管或前輩稱讚時

5. 被指派重要工作時

05

工作讓心好累，
怎麼恢復活力？

▶ 求意義的意志

Question

工作時老是提不起勁來，好像只是在
例行公事，回想學生時代讀書時，也
有這樣的感覺。可是工作還是得做，
一直這樣下去也得不到成就感，總覺
得很空虛無力，看看四周的人，有些
人總是活力四射，我要怎麼做才能變
成那樣呢？

　　剛就職時因為緊張和新鮮感，會積極面對工作，可是熟練後心情就鬆懈了，有一天突然發現自己好像回到學生時代，只是在例行公事。這是很常見的狀況。

　　其實覺得空虛或少了點什麼，並不是壞事。因為這表示你心中開始對現狀不滿，「再這樣下去就糟了，必須重新振作才行」的想法蠢蠢欲動。

　　工作雖說是為了生活，但既然要做，與其拖拖拉拉地做，不如充滿活力地工作。特別是在活力四射的人身旁時，心中當然會希望能和他們一樣。

　　充滿活力工作的祕訣是什麼？其實就是覺得工作本身有意義，或者說覺得自己的工作有意義。

感受不到生活的意義，也會喪失活力

　　對人類來說最痛苦的事，就是不知道每天的生活有什麼意義。每天重複無意義的事，當然會喪志，也不可能有活力。然而現實世界中的確有很多人這樣工作著，過著這樣的生活。

　　每天這樣度日，有時內心會突然感到空虛難耐。

　　隨著目標管理盛行，再加上節約經費、追求效率等訴求，應該有不少人的工作與生活都被數字追著跑，凡事都講究效

率，除了效率還是效率吧。

　　有天突然停下腳步，看看自己的生活，覺得自己活得很沒有意義，甚至有罪惡感，為什麼把日子過成這樣？一輩子都只能這樣過了嗎？想到這就覺得無比空虛。

　　有了這樣的想法，以前做得很自然的事，現在也變得怎麼做都覺得怪。原本每天理所當然在做的事，突然覺得好沒意義，不知道自己到底為了什麼工作。甚至連每天擠捷運，都變得痛苦萬分。

　　要提升這種心理狀態造成的士氣低落，就比須先跳脫沒有意義的感受。

現代人被「空虛」、「少了點什麼」包圍

不知道每天生活有什麼意義……

▼
▼

跳脫沒有意義的感受
才能提升士氣
課題就是如何賦予工作生活意義

👤 「忙」不代表生活有意義

　　突然被空虛感包圍的人，不知道每天的工作有什麼意義，然而工作必須持續一輩子，如果未來都不知道工作的意義在哪裡，那實在是太空虛了。

　　有人會說「覺得每天活得很空虛，這種人一定是太閒了。我每天忙得要死，根本沒空去想自己空不空虛。」

　　其中一定有人過著充實的工作生活，但我想也有人是為了逃避問題，故意讓自己很忙。怕萬一突然停下腳步，有時間回顧自己這一路的歷程，會突然被空虛感包圍，覺得自己活得很沒有意義。

　　因為怕陷入這種窘境，就逼自己不停地動，不要停下來。內心深處其實覺得沒有意義，但下意識採取這種行為模式。

　　這種模式並不代表過得充實，只不過是勉強自己投入工作，麻痺自己的意識。潛意識其實早就覺得生活出現空虛感，但為了隱藏這種感受，故意讓自己很忙。也就是用工作來轉移自己對空虛的注意力。

　　如果持續採取這種模式，不面對自己真實的感受，不可能真正跳脫無意義的感受，**用忙碌來麻痺自己，也無法獲得有意義的生活**。從這個角度來看，活得沒意義而有罪惡感、覺得空虛的人，可能心理還比較健康。

 **人類是追求意義的存在**

　　提倡意義治療法（Logotherapy）的精神科醫師維克多・E・弗蘭克（Viktor E. Frankl）認為，多數現代人都苦於缺乏存在的意義，陷入無法滿足「有意義」的需求，因此他提出「求意義的意志」這個概念。每個人都有追求意義的意志，人類就是追求意義的存在。

　　弗蘭克認為，人類有為生活尋找意義的需求，因此為了得到有意義的生活而奮鬥。但當人們對生活失去意義，就容易墮落，或深陷權力遊戲中。只有「求意義的意志」獲得滿足，人類才能擁有平靜的生活。

　　說到這裡，到底該怎麼做才好呢？（見第 06 節）

弗蘭克：「人類深陷無法滿足『求意義的需求』。」

人類是追求意義的存在

- 沒有比不知道工作有什麼意義，更空虛的事了
- 有人會假裝忙碌，藉以逃避面對空虛感

▼
▼
▼

「使命感」就是關鍵！

06

辦公死氣沉沉，
如何提振士氣？

▶ 社會使命感

有些員工拚勁十足，有些則完全相反，拚勁十足的員工，對做事隨便的員工越來越不滿，職場氣氛越來越差。有沒有方法可以讓員工團結一心，提升職場整體的工作士氣？

　　每個公司都有拚勁十足的員工，也有完全相反的員工。如果所有員工都士氣低落，這家公司應該也經營不下去吧。最理想的狀態，當然是所有員工都士氣高昂，但這很難辦到，現實狀況通常是兩種員工都有。

　　身為經營者或管理階層，當然希望能提升職場整體的士氣，就算沒辦法讓所有員工都鬥志昂揚，至少員工們也不會太消極。

　　此時應該注意的是「社會使命感」。

「使命感」讓工作有意義

　　態度消極的員工，只把工作當成是例行公事，為了改善這種情況，就要引導他們，讓他們覺得自己的工作充滿意義。

　　只要能讓他們覺得自己的工作有意義，就一定可以提升他們的士氣。但感受到什麼意義，也會影響士氣的高低。

　　每個人對於自己的工作，或對於自己付出勞力這件事，都可以感受到某種程度的意義。大多數人看的是這份工作可以得到多少收入、可以賺多少錢等，工作意義和金錢報酬相關；或是收入雖然不高，但很穩定，可以有穩定的生活，這也算是一種工作的意義。

　　但光用這些以個人為出發點的求意義方法，提升士氣有其極限。除了賺錢、增加收入這種利己的意義外，**如果還能找到工作對社會的意義，應該可以進一步提升士氣。**

　　上一節指出，每個人都希望自己活得有意義，其中感受到「社會使命感」是十分有效的方法。

「利他」更能提振士氣

　　這裡我要強調的是，日本人其實很討厭利己行為。

　　二戰時，為了研擬攻略日本與戰後統治日本的策略，美國文化人類學家露絲・潘乃德（Ruth Benedict）分析了日本人的心理與行為。1944 年 12 月二戰進入尾聲，她開始彙整分析結果，並於 1945 年 8 月初提出報告。這份報告指出，日本人的心理特徵如下：

1. 認為以自我為中心、追求利益是不好的行為。
2. 自私自利的行為會遭受非議。
3. 覺得利己的人缺乏誠信。
4. 爭取想要的會遭到非議。

　　歐美人認為，隱藏自己內心真實欲望是不好的行為，只要坦蕩地說出自己的意圖，不論是要追求個人利益或滿足個人欲望，甚至是爭取自己想要的，都不會遭受非議，利己行為也一樣。

　　相較於外國文化，就可以發現日本人有多麼討厭利己行為，厭惡追求一己利益，滿足一己欲望。所以社會使命感才會成為提升士氣的重要因素。

賦予工作「社會使命感」

　　金錢報酬和自我成長等個人因素，雖可以賦予工作意義，提升士氣，但光靠這些個人的工作意義，想要大幅提升士氣有其極限。**如果要提升職場整體士氣，就必須有更振奮人心的事。此時，賦予工作社會使命感，就是最有效的方法。**

　　下文便是日本松下電器（現 Panasonic）創辦人松下幸之助，從自來水意識到社會使命感的契機。

　　盛夏燠熱，對拖著行李的人來說，自來水極為珍貴，很多人都直接取用，藉以消暑。那時松下幸之助覺得很奇怪，為什麼用了別人的東西卻沒有任何愧疚感，也不會被人當成小偷？從這裡他突然發現，有價值的東西，只要大量存在，就能跟免

費的一樣，讓大家怡然享用。

他因此發現自己的使命就是要大量生產電器，像自來水一樣以便宜的價格提供給每一個人。他把自己心中因此萌芽的社會使命感，命名為「水道哲學」。

簡單來說，其實就是**將工作意義和社會使命感連結，提供可以貢獻社會而非單純利己的意義。**

不可諱言，追求個人利益與成長的確有助於提升士氣，但光是這樣並不夠，還必須有對社會的意義才行。只要能讓員工感受到自己的工作如何有益於社會、可以幫助到別人，一定可以激發他高昂的士氣。

所以重要的是，思考自己的工作對大家的生活有什麼幫助，將工作和社會使命感連結。如果能巧妙針對這一點，提出組織的展望，應該可以讓職場士氣大為不同。

松下幸之助「水道哲學」的故事

那是一個盛夏的正午，我的事業剛起步。我走在大阪天王寺附近郊外的街上，當地路邊有居民共用的自來水，有個貨車車夫在這裡休息，抽了根煙後隨意地擰開水龍頭，幸福地喝起水來。

自來水是要錢的，如果加工後變成飲料，更是要付錢才喝得到。那位車夫等於擅自取用了有價值的東西，可是看到的人都沒有責怪他。

——《對事物的看法和想法》，松下幸之助著

07

如何打造更有活力的職場？

▶ **工作充實**

> 私下溝通時，每個員工人都很好，但
> 不知為何就是士氣低落，總覺得大家
> 做事拖拖拉拉的，實在很傷腦筋。我
> 希望職場更有活力，到底如何才能提
> 升員工們的士氣呢？

　　只要是經營者或管理階層，一定都希望打造一個充滿活力的職場。員工們應該也比較希望在充滿活力的職場，而非死氣沉沉的工作環境吧。

　　勞資雙方都期待一個充滿活力的職場，為什麼就是做不到？只要知道原因，自然就知道如何解套。

感受不到自己工作的重要性

　　這是發生在某職場的例子。我請進公司 2 ～ 3 年的年輕員工們，聊聊他們對主管的看法，結果有人這麼說：

　　「我把主管要的文件做好後，拿去給他，結果他說『我現在很忙，你先放著』，我就把文件放在桌上，回到自己的座位。我以為主管會再叫我去報告，結果沒有，隔了一天、兩天，都沒有再找我。然後我就覺得，原來那件事根本就是無關緊要的事啊。之後我做什麼事都提不起勁來了。」

　　另一位員工這麼說：「我也有一樣的經驗。我統整好負責的業務現狀和問題後，向主管報告。結果他說他很忙，叫我說重點，說完後他只敷衍我兩句，好像一點也不關心我的報告。原本我還衝勁十足，在那之後，就覺得沒什麼拚勁了。」

　　聽了這些發言，也有幾個人紛紛表示自己有類似經驗，也

分享了他們的經驗,相談甚歡。

雖然主管很忙,工作事項也常常比部屬更重要、更緊急,但對部屬來說,自己的工作也很重要。如果沒有顧慮到部屬的心理層面,就會影響部屬的士氣。

提振士氣的 5 種工作特性

除了感受工作的重要性,還有一些能提振士氣的因素,例如,太單調的工作無法提升士氣;不知道自己做的事有什麼用時,也很難提升士氣。聽令行事雖然簡單,卻無法提升士氣。

心理學家李察・哈克曼(J. Richard Hackman)與格雷格・奧德海姆(Greg R. Oldham)提倡,**工作必須滿足有意義感的需求、責任需求、回饋需求等**,滿足這些需求的工作,才稱得上是充實的工作。

成長需求強烈的人,從事充實的工作可以讓他感到滿足,表現也更好。其中有些人自信不足,一旦要扛責任或被交辦工作,就會因不安而退縮,不過只要能給他們確切的支持,他們的士氣應該會比從事單調工作時更高。

哈克曼與奧德海姆根據考察的結果,定義出 5 種可提升士氣的工作特性(見下頁表)。

能提升士氣的 5 種工作特性

1. 多樣性
不單調、有變化，必須多樣化操作

2. 完整性
不只從事部分業務，還可以俯瞰工作全貌，知道自
己的工作定位

3. 重要性
知道「社會意義」等工作的重要性，覺得有意義

4. 自主性
不是聽令行事，而是自己擬定計畫、想辦法實踐

5. 回饋性
知道自己工作的成果，得到有助日後改善的資訊

- 老是做單調的工作很難維持士氣，因此工作多樣性很重要。
- 不知道自己做的事有什麼用時，也很難提升士氣，因此俯瞰工作全貌，知道自己工作的定位很重要。

- 不知道自己工作的重要性，就無法提升士氣，若知道重要性，就有助於激發拚勁。
- 聽令行事雖然很簡單，卻無法提升士氣，若能適度地自由發揮，將有助於激發拚勁。
- 知道自己工作的成果，也會產生想有所改善，今後要更用心的想法。

滿足這些要素的工作，可以讓員工士氣高漲，也能刺激員工的挑戰精神，增加迎向困難的勇氣，有更好的工作表現。而且越是這樣的工作，員工對工作的滿意度和表現會更好，缺勤率也更低。

從最缺乏活力的地方開始

了解這 5 種工作特性後，再回頭看看現狀，應該就可以發現職場缺乏活力的原因。充滿活力的職場，員工的工作都符合上述特性；反之，缺乏活力的職場，許多員工的工作幾乎都不符合上述特性，這也是死氣沉沉的主要原因。

要一次滿足 5 種工作特性很難，**先找出目前職場中最缺乏的要素，或者士氣低落的員工工作中最缺乏的要素，才是當務**

之急。

　　能否滿足以上特性，會因職業類別和工作內容而異，因此，重要的是要考慮工作的屬性，思考如何才能更接近提升士氣的工作特性，在交辦工作的方式上下工夫。

08

用錢獎勵的效果有限，還能怎麼做？

▶ 外在激勵、內在激勵

Question

我不算是追求工作成就的人，一直以來我都是為了錢工作。可是最近我總覺得少了一點什麼，老是提不起勁來，我要怎麼做才能讓自己更有拚勁呢？

　　金錢報酬是提供勞務的對價，這是勞動的基本原則，所以為了錢工作並不是一件壞事。可是不少人覺得，光是這樣好像還是少了一點什麼。

　　這是因為不論在那一種職場，都有人樂在工作中。

　　「看到他們工作的樣子，我突然覺得為了錢工作，然後拿賺來的錢去享樂的自己有點悲哀……我不禁陷入沉思。」也有人老實地說出自己內心的動搖。

　　對把工作當成是獲取金錢手段的人來說，樂在工作中的人是難以理解的，準確來說應該是令人羨慕的。

　　要思考這個現象，可以採用把激勵分成「外在激勵」和「內在激勵」的觀點。

不是為了報酬的行動

　　聽到媽媽說「來幫忙就給你零用錢」時，如果剛好有想買的東西，小孩子應該會很高興地去幫忙。人類的確有為了得到某種報酬而行動的一面。

　　但小孩「玩耍」的行為並不是為了獲得某種報酬，這種行為不但沒有報酬，甚至還可能被媽媽罵「不要再玩了」。可是小孩仍樂此不疲。

此時小孩只是單純地樂在玩耍，並不是為了得到某種報酬的手段。

心理學家莫瑞（Murray）注意到這種沒有報酬，單純為了活動本身而採取的行動，像是孩童因為好奇而探索周圍、玩耍等，將行動背後的激勵因素分成「外在激勵」和「內在激勵」。

「興趣」和「玩耍」可說是因內在激勵而採取的行動。鐵道迷去拍鐵路照片、搭火車，並不是為了向別人收取報酬，拍照片、搭火車本身就是他們的報酬。

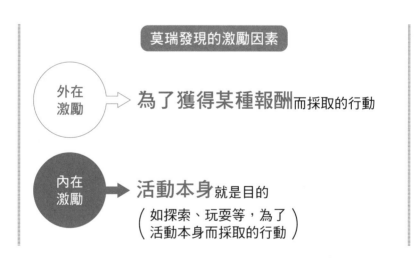

莫瑞發現的激勵因素

外在
激勵 ▶ **為了獲得某種報酬**而採取的行動

內在
激勵 ▶ **活動本身**就是目的
（如探索、玩耍等，為了
活動本身而採取的行動）

喜歡旅行的人去旅行，喜歡看球賽的人去球場，都不是為了獲得別人的稱讚或獎勵，旅行和看球賽本身就是報酬。

「外在報酬」與「內在報酬」的差異

想理解這兩種激勵的差異，要先知道「外在報酬」與「內在報酬」的差異。

所謂「外在報酬」，指的是他人或組織提供的報酬，如金錢報酬或職位報酬等。為了得到這種報酬而採取的行動，就是因為外在激勵而採取的行動。

為了薪水工作；為了加薪或獎金，努力達成業績目標；為了升遷，不眠不休地工作……這些激勵因素都來自外在報酬，是基於外在激勵而工作。

相對地，所謂「內在報酬」則是自己內心主觀的報酬，如熟練感、成就感、充實感、好奇心等。為了得到這種報酬而採取的行動，就是因為內在激勵而採取的行動。

因為工作越來越上手而高興；工作本身雖然又累又難，但完成時的爽度無可比擬；喜歡埋頭工作時的充實感；對於工作還有很多不清楚的地方，覺得工作的學問很大，讓我充滿興趣……會這麼說的人，就是以內在報酬為激勵因素，基於內在激勵而工作。

 善用「內在激勵」維持拚勁

　　說到這裡，大家應該可以理解，樂在工作的人心理機制了吧，這種人就是基於內在激勵而工作。

　　大多數人在東西賣出去、企畫案通過、被上司稱讚、升官、加薪、獎金變多等獲得外在報酬時，會覺得自己的努力終於獲得回報了。

　　然而並不是所有人、也不是任何時候，都可以從外在報酬獲得回報。景氣不佳或公司業績低迷時，再怎麼努力也無法加薪，甚至獎金還可能縮水。自己表現得超乎水準，但還有人表現得更好，所以可能也得不到好評。

　　因外在激勵工作的人在上述這些狀況中，很容易灰心喪志，如在上述狀況中仍能維持拚勁的人，可能有因內在激勵而工作的部分。

　　從這個角度來看，經營者和管理階層最好要注意到內在報酬的存在。

工作的外在報酬與內在報酬

外在報酬 → 他人或組織
提供的報酬

薪水、獎金、加薪、升遷、稱讚、表揚等

內在報酬 → 自己內心主觀的報酬

熟練感、成長感、成就感、責任感、充實
感、使命感、好奇心等

09

為什麼對工作
會失去熱情？

▶ 侵蝕效應

Question

學生時代的職涯教育中，老師叫我們
「找出自己喜歡的事」，並朝這個
方向去求職，所以喜歡時尚的我，就
到服飾公司上班了。一開始的確很興
奮，可是現在我不但對服飾業的工作
喪失興趣，還開始懷疑自己是否真的
喜歡時尚。我是不是入錯行了？

　　好不容易進入喜歡的行業工作，結果不知不覺中熱情被消耗殆盡，這樣真的很可惜。但這並不表示你入錯行了，**只要稍微改變工作時的重點，說不定就可以找回最初的熱情。**

　　這也和前文的內在激勵與外在激勵有關。思考這個問題時，可以參考小孩子討厭讀書的心理機制。

當學習變成達成目的的手段

　　嬰兒只要會走一、兩步，就會打從心底高興得笑出來，不管跌倒幾次，都會立刻再爬起來學走，會自己走路讓他們高興得不得了。

　　剛學會認字的幼兒，看到車站站名或商店看板，就努力想認出上面的字，認出來時，高興的神情就會寫在臉上，會認字讓他們高興得不得了。

　　學會原本不會做的事讓人高興；知道原本不知道的東西也讓人高興，然後就會想學更多、想知道更多。人同此心，心同此理，每個人原本應該都喜歡學習。可是不知什麼時候開始，我們卻變得討厭讀書、學習。其實，這種改變和外在激勵有關。

　　為了被大人稱讚而努力考個好成績；為了讓大人買想要的玩具而努力讀書；為了考上好學校而讀書……像這樣因為外在

激勵而學習，讓學習變成達成目的的手段，剝奪了學習本身的樂趣。這一點也已經獲得許多心理學實驗證實。

 樂趣被剝奪的實驗

美國心理學家愛德華・L・德西（Edward L. Deci）曾經準備許多有趣的謎題，讓喜歡挑戰解謎的大學生進行為期三天的實驗。

實驗時他把大學生分成兩組，實驗室中有許多罕見謎題，個別進行實驗。

A 組在第一天和第三天都依自己的好奇心去解謎，只有在第二天時，每解開一個謎題就可以得到金錢報酬；B 組則是三天都只依自己的好奇心去解謎。

結果只有 A 組在第三天的解謎意願降低了。因為意識到外在報酬，原本很有趣的解謎，變成只是為了獲得金錢報酬的手段而已。

A 組只要解開一個謎題就可以拿到錢，B 組解開多少謎題都拿不到錢，讓人覺得 B 組好像很可憐，其實說不定是拿到錢的 A 組比較可憐，因為他們的樂趣被剝奪了。

為錢而做，就無法樂在其中

不論是興趣還是學習，如果太過注重外在報酬而努力，就會變成一種達成目的的手段，降低內在激勵，變得不再有趣。

原本是自發性行為，但因好奇心或熟練感等內在激勵不再發揮作用，反而變成好像是被迫做的，沒有外在報酬就會失去拚勁。原本喜歡做的事，如果變成是為了錢去做，就無法像過去一樣單純地樂在其中。

解謎與報酬的關係

	A 組	B 組
第一天	單純樂在解謎中	單純樂在解謎中
▼	▼	▼
第二天	每解開 1 個謎題就可以獲得金錢報酬	單純樂在解謎中
▼	▼	▼
第三天	單純樂在解謎中	單純樂在解謎中

↓
只有 A 組
第三天的解謎意願低落

　　像這樣因為外在報酬而努力會降低內在激勵的現象，心理學家稱之為「侵蝕效應」（Undermining Effect）。

　　舉例來說，即使自己覺得很值得做的工作，如果太過度注重薪資獎金等金錢報酬，或升遷等職位報酬時，工作就變成得到這些報酬的手段，原本是因內在激勵而採取的行動，就變質成因外在激勵而採取的行動了。

刺激好奇心，不讓樂趣被消磨

　　每個人聽到加薪都很高興。但是只注重外在報酬，精神層面就變得無法樂在工作中。

　　如果覺得自己也有這種傾向，就要把自己的注意力轉移到**工作熟練度上，不只做必要最低程度的事，而是多方研讀相關領域的書籍雜誌，刺激自己的好奇心。**

　　明明喜歡時尚，卻變得無法樂在時尚相關工作中。我建議這樣的人就算和工作沒有直接相關，也可以追求時尚相關知識，花工夫打扮自己等，刺激自己時尚相關的好奇心。

10

如何應付藉口連連的員工？

▸ 內控信念、外控信念

Question

員工工作態度不積極讓我頭很痛。犯錯也不承認自己有疏失，達不到業績目標也不覺得是自己努力不夠，藉口連連。我覺得工作態度積極的員工不太會找藉口，是不是可以根據會不會找藉口，去判斷一個人是否積極呢？

　　從結論來說，**找藉口和工作態度之間的確有密切關係**。但這並不表示會找藉口的人就缺乏鬥志，不會找藉口的人就士氣高昂。事情沒有這麼簡單，問題在於藉口的內容。

　　對於工作態度消極、讓人傷腦筋的員工，有位經營者這麼說：「總而言之就是藉口很多。前幾天也因為應對技巧太差惹怒顧客，但不管我怎麼跟他說他的應對方式有問題，他仍推說是顧客的問題，以此來當藉口。如果他能發現自己的問題，日後改善就好，但他就是不懂得反省，實在很傷腦筋。」

　　另一位經營者則感嘆員工沒有鬥志：「其他員工業績不好時，會努力改善自己的做法，但他只會抱怨自己負責的區域不好，或是這次自己運氣不好等，一堆藉口，完全不反省自己的做法有沒有問題。這樣他永遠不可能成長，只會扯大家的後腿。」

　　這些人的特徵就是當犯錯或無法達成業績目標時，會把原因推到自己以外的因素上。所以這裡的問題就出在歸因的種類。

先反省自己，還是先反省別人？

　　不論是工作、學習，還是運動，**判斷成敗的造因理論就是歸因理論**。

　　心理學家饒特爾（Rotter, J.B.）提出「控制信念」（Locus

of Control）的概念，也就是控制自己行動結果的要因，是來自
內在或外在。

　　簡單來說，就是**認為成敗的原因出在自己身上，或是出在
別人身上**。

　　以前面的例子來說，顧客生氣時，認為自己應對不得體的
人，就是認為原因是出在自己身上；另一方面，「我不覺得自己
有錯」、「顧客根本就是在找碴」等拚命找藉口的人，則認為顧
客生氣的原因出在顧客身上，也就是原因並非出在自己身上。

　　認為自己跑業務的工夫還不夠好，或自己必須再充實商
品知識，才能獲得顧客信賴的人，就是認為業績不好的原因出
在自己身上；另一方面，「那家公司不管去幾次，都不會有機
會」、「我負責的地區都是一些沒什麼錢的公司，再怎麼跑業
務也沒用」，拚命找藉口的人，則認為業績不好的原因出在那
些公司身上，也就是原因並非出在自己身上。

　　也就是說歸因有兩種，一種是「內控信念」，認為原因出
在自己的能力或做法上；另一種則是「外控信念」，認為原因
出在其他人、環境、運氣等非自己因素上。

　　每個人的歸因方式好像有一貫性，不管發生什麼事，都會
從自己的能力、態度、努力等方面找原因的人，就是「內控信
念型」；而就算和顧客之間產生糾紛，也不認為自己有錯，反
而認為都是對方的問題，或無法達成業績目標時，認為問題出

在當時環境或運氣的人,則是「外控信念型」。

而「內控信念型」的人比「外控信念型」的人士氣更高,學習、運動和工作的成績也更好。

從一個人的歸因方式,看出士氣高低

「內控信念型」的人認為,成敗決定於自己的能力或思考習慣。也就是他們只要能充分發揮自己的能力、拚命努力,就會有好結果;當事情不順利時,他們會認為是因為自己沒有充分發揮,只要再改善做法,一定就有不一樣的結果,因此得以維持高昂的鬥志。

為了提高成功機率,他們會努力開發自己的能力,例如讀書、學習和工作等,累積必要知識,或為鍛鍊解決問題的能力,而廣泛蒐集資訊,不只限於閱讀工作相關的書籍。

相對地,「外控信念型」的人則認為,成敗決定於環境、運氣、他人能力,有著自己無法左右成敗的思考習慣。因此他們士氣低落,也疏於開發自己的能力。他們完全不認為可以靠自己的努力,就通往成功的康莊大道;只要成果不如預期,就很輕易放棄。

所以看一個人提出的理由,就可以分辨他是不是士氣高昂

的人。

　　成果不如預期時，用不景氣、同業攻勢太猛烈、顧客窗口和自己不合等外在因素為藉口的人，可以視為士氣低落的人；反之，認為自己的做法有錯或準備不足等，以內在因素為藉口的人，可以視為士氣高昂的人。

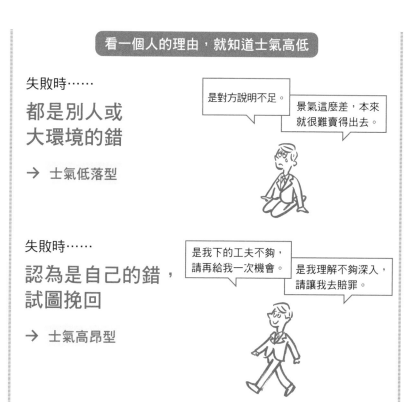

看一個人的理由，就知道士氣高低

失敗時……

**都是別人或
大環境的錯**

→　士氣低落型

是對方說明不足。

景氣這麼差，本來就很難賣得出去。

失敗時……

**認為是自己的錯，
試圖挽回**

→　士氣高昂型

是我下的工夫不夠，請再給我一次機會。

是我理解不夠深入，請讓我去賠罪。

11
怎麼強化遇到挫折的
心理素質？

▶ 歸因

Question

有部屬只要工作遇到挫折，就悶悶不樂、垂頭喪氣。工作不可能次次成功，如果他不能更堅強一點，未來令人擔憂。怎麼做才能改善他的心理素質呢？

很多經營者和管理階層，都對員工的玻璃心頭痛不已。

工作上犯了大錯讓公司虧大錢，或是簡報明明很順利，顧客反應也很好，以為一定十拿九穩了，誰知道結果花落別家……遇上這些事，大家都會很喪氣吧。

可是明明只是指出他的一點小錯，叫他重做而已，他卻因此灰心喪志，這種人實在讓人傷腦筋。主管既不能無視他草率的做事態度，以免日後遭到客訴，但若是提醒他，一不小心，他就可能會灰心喪志，這樣又會發生其他問題，真的很麻煩。

像這種玻璃心的人，到底怎麼做才能讓他內心堅強一點呢？其實這也和前文提到的歸因有關。

先反省自己的人，也有強弱之分

前一節提到「內控信念型」的人，也就是認為成敗的造因在自己身上的人，士氣較高，這是相較於「外控信念型」的傾向，不過其實「內控信念型」的人面對挫折時，也有堅強和軟弱之分。其中**也有人平常拚勁十足，但一點小失敗就會悶悶不樂、灰心喪志。**

這種人有什麼特徵呢？心理學家韋納（Weiner, B.）等人闡明了這種心理機制。韋納等人在「內控－外控」之上，又加入

了「固定（穩定）－變動」的面向，將內在因素分成固定的能力與變動的努力。我認為能力雖然不容易變動，但仍有成長的可能，所以我選擇用「穩定」取代「固定」的說法。

	歸因的 4 大因素	
	穩定性	
	固定（穩定）	變動
內控信念	能力、個性	努力、技巧、狀態
外控信念	課題難度	運氣

　　所謂能力，和努力相比更為穩定，不會突然改變。以足球為例，比賽時因為實力相差太遠而被對手輾壓後，再怎麼努力也不可能下週立刻贏回來；工作也一樣，我們不能期待現階段能力不足的人，下週或下個月立刻變成能力卓越的人。

　　相對地，努力則可以當下立刻修正。以前做事態度隨便的人，受到刺激後突然發憤圖強，這是很常有的事。如果是實力相當的足球比賽，只因為毅力不足、戰略錯誤落敗的話，可

以立刻振作，透過重新擬定戰略，在球場上展現絕不放棄的精神，下週再贏回來；工作也一樣，如果覺得自己的努力和下的功夫不足，只要有決心修正，立刻就可以振作起來。

改善面對挫折的抵抗力

由此可知，**失敗時歸因於能力不夠，或努力不足，之後的士氣大為不同。**

事實上，可以從檢討歸因與對挫折的抵抗力，發現兩者之間密切相關。

成功時，不論歸因到穩定的能力或變動的努力，總之只要是歸因到內在因素的人，士氣通常較高。

失敗時，雖然一樣是歸因到內在因素，但認為原因出在努力等變動因素上的人，可以維持高士氣；但認為原因出在能力等穩定因素上的人，就容易士氣低落。

只是指出他的一點小錯就灰心喪志的人，可能是把犯錯歸因到能力或個性等穩定要因上，所以才會喪志。只要改變他的這種想法，應該就可以改善一失敗就灰心喪志的心理傾向。

失敗時，把焦點放在可改善的空間

面對挫折就喪志的人，內心習慣把失敗歸因到穩定的能力或個性上，所以一旦被人指出錯誤，就會因為「反正我就是不行」、「反正我怎麼樣都做不到」、「這份工作不適合我」的想法而放棄，導致士氣低落。

不順利時，覺得「這份工作不適合我（缺乏適性）」，士氣自然低落；覺得「我的技巧還不到位（技巧不足）」、「這次雜事太多不夠專心（狀態不佳）」等，應該就不會影響士氣。

指導部屬時，務必要讓他注意到這一點。例如當部屬的工作成果不如預期時，主管可以提醒他「再堅持一下就好了」、「再多磨練一下技巧，就沒問題了」、「調整自己的狀態，再專心一點，結果就會不一樣」等，暗示他問題出在變動要因上，讓他意識到還有改善的空間，這樣做應該很有效。

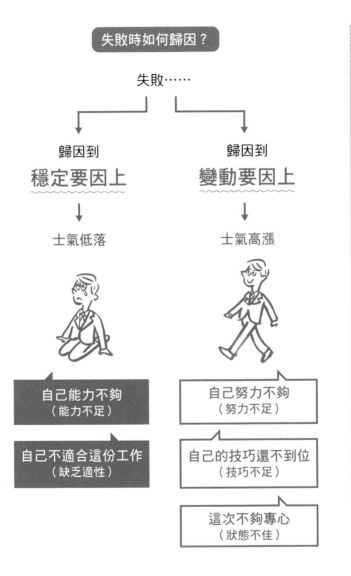

失敗時如何歸因？

失敗……

歸因到
穩定要因上

士氣低落

自己能力不夠
（能力不足）

自己不適合這份工作
（缺乏適性）

歸因到
變動要因上

士氣高漲

自己努力不夠
（努力不足）

自己的技巧還不到位
（技巧不足）

這次不夠專心
（狀態不佳）

第 2 章

讓員工信服的「考核心理學」

12

考核怎樣讓員工信服？

▸ **考核基準明確化**

Ｑuestion

我想好好考核人事，所以和管理階層
的同事們討論，可是每個人重視的觀
點不同，總是無法制定方針。我希望
制定明確的考核基準，讓員工信服，
到底應該採用什麼基準考核呢？

　　每個人都覺得人事考核很難，因為擔心員工對考核結果不滿意，可能會影響士氣，甚至導致組織全體業績低迷不振。

　　所以許多經營者都很頭痛，什麼樣的人事考核才能讓員工信服？什麼樣的人事考核有助於提升士氣和業績？

　　如果希望考核的結果能讓人信服，首先就要制定明確的考核基準。如果考核基準不明確，可能就會用籠統的印象，或考核人員個人價值觀作為基準。這麼一來，不同主管就有不同的考核方法，被考核的人也不知道主管的標準是什麼，容易引起員工的不滿或不被員工信任。

　　所以必須設定明確的考核基準，讓大家知道要考核什麼。

只看成果，容易忽略態度與過程

　　日本過去十分重視年功序列 *，但受到歐美影響，慢慢轉向能力主義，甚至也開始導入成果主義。

　　我常聽到年輕人對年長者不滿，認為他們只是因為年紀較大、較早進入公司，就算無心工作或表現不佳，卻還是可以領較高的薪水。導入成果主義應該可以改正這種怪現象吧？

---

* 日本的雇用制度。指不論能力，以年資和職位訂定待遇。

然而成果主義也有許多弊端。以下列舉一些主要問題：

1. 難以做出成果的工作越來越遭忽視。
2. 只顧著追求工作的量，導致工作品質下滑。
3. 沒意義的數字，導致數字化的成果，不能反應工作的實質狀況。
4. 容易做出成果的部門，和不容易做出成果的部門，兩者之間出現士氣落差。
5. 結果代表一切，努力、誠實的工作態度難以得到好評。

如果只看業績數字給薪水，員工對於和業績沒有直接相關的業務，大概就會敷衍了事。日本人認真、仔細工作的優點，甚至可能就此消失。

如果是以拜訪件數為考核標準，只衝件數的人，評價可能高於認真對待顧客的人；管理部門等很難直接看到成果的部門，如果因此得不到適當評價，士氣自然下滑；為爭取業績而欺騙顧客的企業醜聞時有所聞，也可說是只看結果的成果主義弊端。

因此為了減少這些弊端，**必須建構一套考核系統，將工作品質與工作態度等，成果以外的要素也列入考量。**

9 項工作考核的基準

研究人事考核基準的心理學家維斯瓦蘭（Viswesvaran）等人，提供了包含成果、能力、行動等的考核基準（見下表）。其中也將努力與態度等，和成果沒有直接相關的要素，與流程面的要素列入考核。

工作考核基準

1. 人際關係能力
與人配合工作的能力。
和顧客保持良好關係，和同事建構合作關係的能力。

2. 經營能力
調整並管理職場各種職務的能力。管理工作排程、合宜地分派部屬、有效地分配工作的能力。

3. 品質
工作少犯錯、正確性、完成度、浪費。

4. 生產力
工作量化方面，視生產量或銷售量。

5. 努力程度
致力於做好工作。自發性、熱情、是否勤勞、持續性等。

6. 工作知識

工作必要的知識量和最新知識量。

認識有專業知識和最新知識的人。

7. 領導力

提高其他人的士氣、讓其他人有好表現的能力。

8. 權威接受度

遵守組織和職場原則，對主管持肯定態度，遵照組織規範和文化，不抱怨的態度。

9. 溝通力

蒐集、傳達資訊的能力（包含口頭與書面）。

（資料來源：2005 年，維斯瓦蘭等人）

　　工作量化方面以「生產力」來衡量，品質方面則評估「少犯錯程度」、「正確性」、「完成度」等。工作相關的能力則以人際關係、經營能力、領導力、溝通力來衡量。

　　人際關係評估「和人配合工作的能力」、「和顧客保持良好關係的能力」、「和同事合作的能力」等；經營能力評估「調整並管理職務分配的能力」、「排程管理能力」等；領導力評估「鼓舞部屬士氣，讓部屬提升成果的能力」，這一點可說有部分和經營能力重複；溝通力則評估「資訊蒐集能力」、「資訊傳達能力」等，人際關係方面的溝通力則歸屬在人際關係能力中。

此外為避免只考核到工作成果，也將工作流程和工作態度列入考量，評估努力程度和工作知識。努力程度是評估「自發性」、「熱情」、「勤勞程度」、「持續性」等。

工作知識除了評估與工作相關的「必要知識」和「最新知識」，也將是否認識可成為專業知識，和最新知識「資訊來源的人物」列入考量。

既然是組織一員，就必須接受權威。這一點則根據「遵守原則」、「和上司的良好關係」、「融入組織文化的態度」等來評估。

不過如果以為將考核基準明確化後，就可以客觀公正地考核，那就大錯特錯了。不管考核基準分得多細，還是得靠人去具體評估各項基準。所以還是會摻入主觀因素（見下一節）。

13

如何避免落入
主觀的評價？

▶ 情緒一致性效果

Q uestion

站在部屬的立場，我知道考核必須公
正，可是也常聽人說心情會影響考
核。過去自己被考核時，的確也遇到
過看心情說話的主管，不知不覺間，
我的心情是否也會影響考核結果呢？

　　人事考核左右著每一位員工的人生，所以考核的人也非常
小心。可是考核的人也是人，再怎麼想保持客觀，也很難完全
排除主觀因素。

　　而且千萬不要忘記，人有不知不覺受心情左右的一面。

　　以下某員工的話，正好是典型案例。

　　「我的主管非常偏心，很明顯地偏愛比我晚進公司的後
輩。從他說話的方式就聽得出來，而且還把比較容易做出成果
的工作，和比較友善的顧客，全分給後輩。我覺得實在太過分
了，想了很久終於鼓起勇氣去向主管抗議，他很認真聽我說，
但沒想到他竟然不覺得自己偏心。雖然他說他對我的工作態度
也給很高的評價，但他竟然沒有自覺到明顯地偏愛後輩。知道
這一點後，我覺得事情不可能改變了，內心十分絕望。」

　　每次聽到這種案例我都會想，人類實在太容易用主觀看事
情了。我們必須謹記，**特別注意「情緒一致性效果」**（mood-
congruent effect）**帶來的影響。**

👤 記憶會受到當下的心情影響

　　不論是年輕人或是年長者，我聽過許多人談論他們的人生
經驗，發現一個現象，就是心態正向、積極的人，說的大多是

好事；而心態負面、有許多不滿的人，說的大多是不幸的事。可是真要讓他們把自己從小到大發生的大事，用年表的方式排列出來，就會發現後者經歷過的不幸，並不一定比前者多。

為什麼一樣都經歷過快樂、高興、痛苦、遺憾的事，心態負面的人說的不幸，會比正面的人多呢？

這就是「情緒一致性記憶」在作祟。

心理學家戈登・鮑爾（Gordon H. Bower）等人做了「情緒一致性記憶」相關實驗。他們先讓半數受試者進入快樂的心情，另一半則沉浸在悲傷的心情中，然後讓受試者閱讀許多快樂和悲傷的故事，第二天再請他們回想出前一天讀的故事。

結果兩組受試者能回想出的故事總數沒有太大的差異，但**心情快樂組回想出較多快樂的故事，而心情悲傷組則回想出較多悲傷的故事。**受試者回想出的內容明顯和他們心情相關。

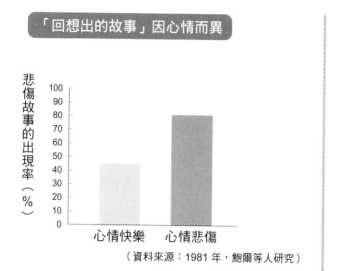

「回想出的故事」因心情而異

悲傷故事的出現率（%）

（資料來源：1981 年，鮑爾等人研究）

心情快樂　　心情悲傷

　　「情緒一致性效果」不只會在記憶時產生影響，也會在回想時產生影響。讓受試者讀相同的故事，第二天請他們回想時，先改變他們的心情，結果心情快樂的人，回想出較多快樂的故事；而心情悲傷的人，則回想出較多悲傷的故事。

　　由此可知，心情會大幅左右記憶。**心情總是不好的人多抱怨，並不是因為他們只會遇到壞事，而是他們容易記住壞事，或容易想起壞事。**

 ## 別讓情緒影響人事考核

　　心理學家約瑟夫・福加斯（Joseph P.Forgas）和鮑爾另有一個實驗。他們先讓半數受試者產生快樂的心情，另一半則沉浸在悲傷的情緒中，再請受試者說出對某人的印象。結果心情快樂組，多給出正面評價；而心情悲傷組，則多給出負面評價。

　　心情為什麼會影響對人的評價呢？這當然和「情緒一致性效果」有關。

　　心理學家請受試者說出和那個人相關，所有想得到的事，結果**心情快樂組提出的正面特質，遠多於負面特徵；而心情悲傷組則回想出較多的負面特質**。

　　由此可知，回想起的特質會因心情而異，因此影響對一個人的評價。

　　部屬 A 和 B 各有優缺點，也發生了許多可以凸顯他們優缺點的事。主管和 A 感覺比較合得來，也有共同的興趣，曾經一起快樂地閒聊，可是和 B 之間就只談過公事。於是人事考核時，主管可能想起 A 時會比想起 B 時快樂。

　　結果就算 A 和 B 的工作成果和工作態度都一樣，A 的考核結果可能也會比較好。那是因為「情緒一致性記憶」作祟，主管比較容易想起 A 的優點和成果。

　　雖然主管並不想偏心，覺得自己是根據成果與工作態度來

考核，但對於成果與工作態度的記憶，卻會受到曾和當事人在一起時的心情所影響。

　所以主管在考核人事時，必須意識到並盡力排除這種心情帶來的影響。

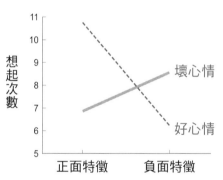

「回想對方的特質」會因心情而異

（資料來源：1987 年，福加斯和鮑爾研究）

14

如何消除對考核的不滿？

▶ 正向錯覺

Question

我覺得，職場中充斥著對人事考核結果的不滿。我已經很小心，儘量公平、公正地考核了，如何才能消除這種不滿呢？

　　每個職場都有人不滿意人事考核的結果。本章第一節說明
了人事考核的基準，雖然不論再完善的考核基準，都不可能徹
底根除對人事考核的不滿，但也不能因此什麼都不做。

　　人事考核真的很難做到完全公平、公正，所以考核的一方
不管再怎麼公平考核，還是難免有所缺漏。可是**就算考核真的
百分百公正、公平，一定也還是有人不滿。**

　　人事考核系統幾經改良，但職場中還是潛藏著不滿的聲
浪。這種現象其實和某個心理因素密切相關。

人容易高估自己

　　**每個人都很愛自己，認為自己是獨一無二的存在，所以常
會高估自己。**比方說自己雖然努力，但同事也一樣努力的狀況
下，如果兩人的考核結果一樣，自己常常會不滿，「為什麼我
都那麼努力了，卻沒有得到相對應的評價呢？」同事也有一樣
的想法，於是心中各有不滿。

　　**這種高估自己的心理傾向就稱為「正向錯覺」（Positive
Illusion）。**

　　心理學家大衛‧鄧寧（David Dunning）等人曾做過許多發
人深省的實驗。

　　一項實驗結果顯示，60%的人認為自己的運動能力「高於平均」，只有6%的人認為自己「低於平均」。60%的人運動能力高於平均值，從統計的角度來看是不可能的事，一般來說「高於平均」和「低於平均」各約2%～3%，其餘都是「平均值」才是。

　　連運動能力這種相對來說，容易客觀了解的事情，自我認知都如此失真，更別提歐美社會所重視的領導力，自我認知應該更嚴重失真。

　　實驗結果不出所料，70%的人認為自己的領導力「高於平均」，只有2%的人認為自己「低於平均」。70%的人領導力高於平均值，只有2%的人領導力低於平均值，在現實社會中根本是不可能的事。

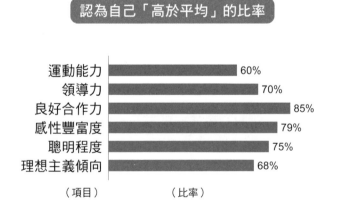

認為自己「高於平均」的比率

運動能力　60%
領導力　70%
良好合作力　85%
感性豐富度　79%
聰明程度　75%
理想主義傾向　68%

（項目）　　　　　（比率）

　　更誇張的是，對於良好合作力的自我認知，可能是因為沒有明確的基準，就算實際上和他人沒有保持良好關係，也可能自以為關係良好。看看實驗結果，竟然有 85% 的人認為自己「高於平均」，沒有人認為自己「低於平均」。

　　另一項調查資料則顯示，90% 的管理階層認為自己的能力優於其他人，94% 的大學教授認為自己的業績優於平均值。

就算考核再公正，還是有人會不滿

　　從這些實驗結果就知道，有多少人高估自己了。所以討論不滿時，千萬不要忘了「正向錯覺」的心理因素。

　　公正的經營者常不知所措，因為他們考核人事時，除了成果，還將努力的態度，與因應顧客需求等要素都列入考量，甚至還經由多位主管一起討論後才決定考核結果，可是員工還是不滿。

　　此時，就必須考量到「正向錯覺」的影響。明明自己能力遠不如平均值，卻自以為高於平均值的人很多；即使自己的成果明顯不如他人，仍自以為成果高於平均，或跟平均差不多的人也很多。

　　所以考核就算極為公平、公正，許多人還是會因為「正向

錯覺」，覺得「自己未獲得應有評價」。並不是整頓好人事考核系統，就可以解決不滿的問題。

讓所有員工都知道「正向錯覺」的存在

因此，重要的是，讓所有員工都了解「正向錯覺」。

日本人對於自己的能力高低，不像歐美人受「正向錯覺」影響那麼深，但相對地，對於「認真」、「體貼」、「誠實」的特質，就深受「正向錯覺」影響。自身文化所重視的特質，很容易被高估。

所以當老是做不出成果，或人事考核不如自己預期時，就很容易不滿，「我這麼認真工作，為什麼得不到好評價？」即使其他人也很認真工作，還是會這麼想；或是產生「我這麼誠懇地應對顧客，為什麼主管看不到？」的不滿，就算其他人也很誠懇地應對顧客，還是會覺得自己的努力沒有得到回報。

要消除、減輕職場上潛藏的人事考核不滿，當然必須盡可能以公正、公平的方式考核，但也要透過教育訓練，和全體員工共享「正向錯覺」這種心理機制的相關知識。

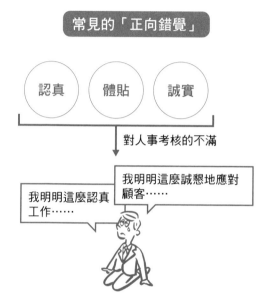

15

為什麼能力越差的人，
越容易高估自己？

▸ 鄧寧－克魯格效應

Question

工作表現差的員工，不管怎麼跟他說
都依然故我，我覺得他對於自己的工
作表現缺乏自覺。不知是不是太過樂
觀，他犯了錯好像也不太在意，被我
指正時態度雖然很好，但還是依然故
我。事實上，他犯的錯真的很多，也
做不出成果，為什麼他就是不改變做
事的方法呢？

　　我想不少職場都有能力明明不好，卻總是覺得自己沒問題的員工，我也常聽到類似的問題。

　　自從 2000 年，美國開始提倡「正向心理學」（Positive Psychology）以來，保持正向心態的口號就廣為人知、深入人心。正向積極當然有其效用，但不知是不是太過普及了，我覺得**原本就太過樂觀沒有反省習慣的人、不會深入思考的人，好像對正向積極有嚴重的誤解。**

　　正向積極本身當然沒有錯，太負面思考、只是稍微提醒一下就垂頭喪氣、無心工作的人，讓人很傷腦筋。

　　但再三提醒還是不當一回事的部屬，也很讓人傷腦筋。每次提醒犯下同樣錯誤的部屬，他雖然態度良好地回應「好的，我知道了」，但依然故我，還是重複犯類似錯誤。

　　或是要成立專案，招募專案成員時，明明能力就不夠的人，不知為何卻信心滿滿地自告奮勇。此時想著要拒絕他，卻又不能傷了他的心，實在很困擾。

多數人都對自己認知不足

　　能力不足或對工作態度草率的部屬，不管再怎麼提醒，他們也不當一回事，依然故我，讓人傷腦筋。這是不少經營者和

管理階層的共同煩惱。

不知為何，事情做不好的部屬都覺得無所謂，提醒他們、給予建議，也不當一回事，反而是會做事的部屬比較謙虛、謹慎，很重視主管說的話。很多人都有這種感受，心理學家大衛‧鄧寧和賈斯汀‧克魯格（Justin Kruger）證實了這個現象。

他們實施了幾項能力測驗，同時請本人評估自己的能力。

他們根據實際測驗的成績，把受試者分成最佳、中上、中下、最差4組，然後調查每組人如何評估自己的能力。

實驗結果十分發人深省。

以「幽默感」來說，最差組的人明明成績落在倒數10%，卻深信自己的成績高於平均值；另一方面，最佳組的人不會高估自己，甚至反而覺得自己的成績低於平均值。「邏輯推論能力」也有一樣的現象。

從實際測驗結果來看，明明有90％的人成績都比自己好，最差組的人仍深信自己的成績優於平均。

能力越差的人，越高估自己

成績最佳組 → **低估自己的能力**

成績中上、
中下組 → **高估自己的能力**

成績最差組 → **最高估自己的能力**
（深信自己的能力高於平均）

　　其他實驗也有相同的結果，也就是**能力越差的人，越容易高估自己的能力**；反之，能力高的人卻有低估自己的趨勢。這個現象又被稱為鄧寧－克魯格效應（Dunning–Kruger Effect）。

能力差的人，自覺能力也差

　　由這些實驗可以發現，能力差的人不只是做事能力差，也很難發覺自己能力不足。

　　這正可說是**工作表現越差的人，越無法自覺到自己處於危機狀況**的理由。

　　有些主管會說，都已經重複犯過那麼多次錯，為什麼不知道要改善呢？實在匪夷所思。不過當事人不管被糾正多少次，都無法發現自己老是犯錯，狀況糟糕的事實，所以不會真心想改變。

　　也有些主管很焦慮，明明部屬知識不足，卻不思上進只會閒聊，那是因為當事人無法自覺到知識不足，所以才沒有危機感。

　　明明實力不足，為什麼還敢自告奮勇參與專案？反應怎麼這麼遲鈍？有些人無法理解這種人，不過那是因為當事人沒有發現自己實力不足以參與專案，所以才毫不在意地自我推薦。

 ## 透過閱讀，提升認知能力

　　對於這種無法發覺自己狀況的人，該如何是好呢？如果你直接告訴一個沒有自覺的人，說他工作表現不好，他一定會反彈，不可能聽得進去。

　　所以重要的是要讓他自己發現。這種人大多不會為了自我成長而主動讀書，所以也可以強制設定讀書時間，讓大家一起讀書。或許有人覺得上班哪有這種空閒時間，其實幾天讀一次也可以，每次 30 分鐘也好，15 分鐘也沒關係。

　　讀什麼書都好，只要是邏輯性的書即可。**心理學實驗已經證實，只要提升閱讀理解能力，自我認知能力也會隨之提升，降低高估自己的傾向。**不只如此，閱讀理解能力提升後，也能理解別人說的話，自然可以減少犯錯或溝通不良的狀況。

為什麼會有人始終不思改進呢？

鄧寧－克魯格效應

＝

能力差的人，自覺能力也很差

↓

再怎麼提醒也聽不進去

↓

為了鍛鍊認知能力，
讀書是有效的方法

16

按年資給與待遇，
真的是壞事嗎？

▶ 成果主義、努力主義、平等主義

Question

我原以為大家比較喜歡由年功序列制，轉換為成果主義，不看年資與年齡，只要努力就有收穫，但事情好像沒那麼簡單。有人說在日本長大的人，好像不太適應成果主義，這是什麼意思？

　　過去日本企業大多採用年功序列制。在社會充斥著尊敬長者、對前輩表達敬意的時代，大家覺得這是理所當然的做法。

　　然而當歐美風氣引入國內後，人們的心態也有了改變。

　　對於過去的年功序列制，越來越多人表示不滿。

　　例如年輕一代就很不平衡，為什麼不做事的人，只因年紀大就可以領高薪呢？

　　另外所有世代共同的不滿則是，為什麼自己努力工作為組織貢獻，但每年加薪的幅度卻和那些混水摸魚的人一樣，領相同的薪資呢？

　　這樣無法維持高昂的士氣，所以許多組織才會導入，根據能力和成果考核的制度。

　　但由於文化傳統背景不同，引進不同文化的制度，一定有弊端。成果主義也出現了許多弊端，甚至有些組織也開始重新檢視，以成果主義為主的人事考核制度。

　　日本的確常有不考慮文化背景，就一股腦導入歐美制度的現象。但為了避免因草率導入成果主義而招致失敗，必須先充分了解成果主義的優缺點。而事實上，大家出乎意料地對成果主義有不少誤解。

成果主義制度，讓努力不一定有回報

年輕人常說「年功序列制下，敷衍了事的年長者反而可領高薪，令人不服。如果是成果主義，就不會有這種不公平的情形，而年輕人的薪資也會變高，所以希望導入成果主義」、「如果採用成果主義，努力多少就有多少收穫，希望全面採用成果主義」等，對成果主義推崇備至。但真的是這樣嗎？

成果主義常見迷思

「如果是成果主義，年輕人的薪資會變高」

→ 事實上……
　　與年齡無關，能力強的人薪資變高，
　　能力差的人薪資變低

「如果採用成果主義，努力多少就有多少收穫」

→ 事實上……
　　結果代表一切，和努力等態度無關

「如果是成果主義，年輕人的薪資會變高」這句話其實只對了一半。敷衍了事的年長者，不再平白無故地加薪，多領的薪資的確可以因此省下來，年輕且做出成果的人可以領到高薪，到這裡為止是對的。

　　然而成果主義下，不論資歷深淺，做出多少成果就可以領多少薪水，所以不見得一定對年輕人有利。**即使同年齡、同年資的人，薪資也會大不相同。**

　　另一方面，「採用成果主義，努力多少就有多少收穫」，這也是天大的誤會。所謂成果主義，就是成果代表一切，所以不管再怎麼努力，只要做不出成果，考核的成績就會墊底。

　　日本傳統文化認為努力是一項美德，十分肯定付出努力的人，所以才會出現這種誤解。**歐美的成果主義下，獲得好評的不是努力而是成果。**

　　運動選手就是很好的例子。職棒選手的年薪以投手為例，要看勝投數、救援成功數、中繼成功數、防禦率來決定；野手則看打擊率、打點、全壘打數、犧打數、四壞球數、盜壘數、守備率來決定。再怎麼拚命練習，如果拿不出好成績，就得不到好評。所以有新人可以拿高薪，也有人始終無法從二軍升上一軍，只能領微薄的薪資，最後被裁員。

　　實行成果主義的公司也一樣，考核的基準是營收和簽約數，所以只要做出成果，不管年齡高低都可以領高薪；但做不出成果的人，再怎麼努力也只能領微薄的薪資。

導入新制度時，要以自身文化為基礎

近來日本的治安開始惡化，但和其他國家相比，還算良好。這可能是受惠於「努力主義」和「平等主義」等的文化傳統。

對成果主義之所以有「只要努力就有回報」的誤解，也可說是來自對努力的肯定，認為結果不代表一切的想法。

只要拚命努力過，就算做不出成果也可以得到好評，這是源自努力主義的思維，而非成果主義。

另外，日本社會也存有根深柢固的平等主義思維。所以如果和職棒選手一樣，剛進公司時薪資就因學歷和能力而有大幅差距的話，大多數人都會無法接受吧。但在成果主義領軍的歐美社會，這是理所當然的結果。

因此在導入異文化制度時，必須以自己的文化傳統為基礎，尋求良好的折衷之道。許多組織之所以部分導入成果主義而非全面導入，也是基於這種考量。

「努力主義」與「平等主義」之調和

結果代表一切，容易引發倫理混亂

→ ・ 容易發生欺騙消費者等企業醜聞等
・ 收入差距擴大

→ ・ 能力強的人是極少數，大多數人都
會陷入窘境

▼
▼

融合承認努力，縮小差距等

尋求符合國人感受的考核方式

17

考核可以直接採用
成果主義嗎？

▶ 母性原理、父性原理

Question

不論是學校用成績的評價方式，或是
職場看業績的評價方式，大家常說歐
美和日本的嚴格程度完全不同。的確
在追求國際化的現在，各方面都導入
了歐美體制，但有關成績評價方面，
我想日本還是不夠嚴格。這算是日本
的缺點嗎？還是優點呢？為什麼有這
種差異呢？

前文說明了成果主義現實的一面，同時也提到日本文化根深柢固的努力主義和平等主義。這其實也和「母性原理」和「父性原理」的文化差異有關。

歐美的成果主義背後，可說是父性原理的作用；日本的努力主義和平等主義背後，則是母性原理的作用。

在歐美，即使被公司錄取後，只要公司覺得員工能力不如預期，隨時可以解雇員工，員工也會接受，覺得這是沒辦法的事；但如果在日本這麼做，大家就會同情員工，覺得「好可憐」、「受到非人待遇」等，去責怪解雇員工的公司。

日本人信奉努力主義，認為「結果不代表一切，應該把努力的態度列入評價。」所以對於解雇努力但做不出成果的人，公司總是很猶豫，而解雇這種人的公司也會被批評「無情」、「太冷酷」。

而日本社會標榜的平等主義，也是因為認為「有人長得高、有人長得矮；有人跑得快、有人跑得慢。同理可證，每個人的工作能力高低也不同，所以一樣是人，若待遇不同，是很奇怪的一件事」。

為什麼日本社會和歐美社會差異如此大呢？要理解這一點，就要先整理「母性原理」和「父性原理」各自的特徵。

 ## 「母性原理」與「父性原理」的特質

　　著有《母性社會日本的病理》，分析現今所謂蟄居問題的心理學家河合隼雄認為，**母性原理有所謂「包容」的功能，父性原理則是「切斷」的功能。**

　　所謂的「母性原理」，就是包容所有的優、缺點，平等對待每個孩子，相對地，「父性原理」則把一切切斷、分類，將孩子依能力和個性分類。兩者是相對的概念。

　　「母性原理」認為，只要是自己的孩子，不管個性和能力，都一律平等待之。**「母性原理」有溫暖包容，成為心理支柱的正面特質，同時也有過度保護、妨礙孩子成長的負面特質。**

　　另一方面，「父性原理」只認可履行義務、發揮能力的人，所以必須割捨無法履行義務，或無法發揮能力的人。**「父性原理」有培育堅強人格的正面特質，同時也有因太過嚴苛，導致孩子退縮，有時甚至陷入自我放棄的負面特質。**

「父性原理」與「母性原理」

歐美的成果主義背後⋯⋯

父性原理

➔ 只認可履行義務、發揮能力者

日本的努力主義和平等主義背後⋯⋯

母性原理

➔ 不論能力和成果都平等待之

文化背景帶來的潛意識感受，
源自這兩種原理的作用

過度保護，會使人缺乏抗壓性

再看看教育制度，「父性原理」主導的歐美，只有符合該學年學力程度的學生才能升級，所以小學低年級生也有人留級；大學生學力不足當然不能畢業，甚至會被退學，不得不轉到程度較低的大學。

相對地，「母性原理」主導的日本，別說是小學了，連國、高中都很少見到留級生，大學生只要沒有特殊狀況也不會被留級，學力不管多差都可以升級、畢業。

這不是哪一種比較好的問題，而是文化差異，每種原理都有其優、缺點。

現今日本社會「母性原理」越來越強勢，為了排除競爭、減少壓力，國、高中不公布期中、期末考成績，提高推甄入學比例；大學還會告知父母學生成績和出席狀況，督促父母管教小孩。

日式教育在孩子成長過程中，排除會面臨的嚴峻狀況，使得他們心靈欠缺鍛鍊，把孩子養成缺乏抗壓性的成人後，送進社會的染缸。

 讓每個人的努力，都能被看見

　　進入國際化時代後，經過國外強勢的「父性原理」洗禮，抗壓性強的人才湧入日本社會，日本人也必須和這些海外對手競爭、交涉。

　　但如果日本的「母性原理」越來越強勢，過度保護孩子、不讓他們受挫折，最後培養出沒有抗壓性的年輕人，那就相當危險了。所以在育兒和教育方面必須抑制「母性原理」專斷獨行，重新建構、鍛鍊內心。

　　然而企業也不應該就此拋棄「母性原理」的優點。「父性原理」主導的歐美，除了能力突出的人，其他人很容易會被忽視，陷入自暴自棄。

　　只要能**維持原本的長處，建立讓努力的人有所回報、做出成果的人，也能得到應有評價**，每個人就都可以抱著希望工作，貢獻社會。

18

如何客觀公正地評價？

▶ 相對評價、絕對評價、個人內評價

Question

如果根據能力和成果來考核員工，就
會有人因為原本的能力和經驗差異，
再怎麼努力也得不到回報，因而喪失
拚勁。這種人其實也必須讓他繼續努
力，所以考核時，應該怎麼做呢？

　　為了打造員工們都能充滿希望地工作、士氣高昂的職場，該採用什麼樣的考核評價系統才好呢？許多經營者都為此傷透腦筋，好不容易做出錄取的決定，當然希望所有員工都能發揮自己的實力，對公司甚至社會有所貢獻。

　　然而若只重視成果主義，由於每個人能力不同，即使自己的成績比上一期好，但只要有人成績比自己更好，自己就無法得到高於上一期的評價，導致成績明明更好了，卻仍無法提升士氣。

　　另一方面，不導入成果主義的話，能力強的人或努力做出成果的人，不管做出多好成果，也無法得到適當的評價，造成士氣低落，對組織來說是一大損失。

　　如何才能建立維持員工士氣的人事考核架構呢？

3 種考核評價方法

　　探討如何進行人事考核時，有時會直接設定很詳細的評價基準，其實還是先由大方向開始討論比較好。

　　考核能力和成果的主要架構，可分成相對評價、絕對評價、個人內評價 3 種。每種評價各有其特徵。

相對評價：根據團體中的相對位置評價

大家在國、高中的考試或升學的模擬考時，會算出偏差值，代表自己在全體考生中位於什麼位置，這是典型的相對評價。

如果是在職場，將業務員的營收和簽約金額排序，然後根據排序結果進行評價，這就屬於相對評價。評價取決於自己的排名比其他人高或低。

相對評價的優點，是以相同工作的員工排名為基礎，讓人覺得較公平。

缺點則是，就算自己努力讓成果大幅提升，如果其他人的成果也大幅提升，自己的評價可能不會比上一期好。如此一來，就會因為再怎麼努力也無法往上爬升，容易灰心喪志。

絕對評價：根據全員適用的基準評價

也可稱為成就評鑑。

相較於偏差值表示一個人在團體中的相對位置，絕對評價不和其他人比較，完全是看一個人達成的程度來評價，假設最高為 5 分，達成所有基準得 5 分，大部分達成得 4 分，以此類推。

例如職場中將營收和簽約金額的達成度分級，到達多少就是 A 級，多少以上未滿多少是 B 級，未滿多少是 C 級等，不

和其他人比較，制定絕對基準，也不管每級會有多少人。

　　絕對評價的優點就是，只要努力超越基準，一定可以獲得好評。不像相對評價，是否能獲得好評還要取決於別人的成果。

　　缺點則是很難設定基準，而且即使許多員工的考核結果都是最高一級，也不可能人人加薪或晉升，結果還是只能用相對評價來排序決定。

相對評價和絕對評價的差異

相對評價

→ 依團體中的相對位置決定評價

> **優點** 以成績順序為基礎，容易讓人覺得公平

> **缺點** 除了能力特別突出的人，一般人就算做出成果也很難得到好評

絕對評價

→ 依是否達成基準決定評價

> **優點** 不和其他人比較，只要努力超越基準就一定可以獲得好評

> **缺點** 很難推測各級人數去設定基準

個人內評價：根據個人至今的實績為評價基準

舉例來說，學力程度差的小孩，雖然成績比之前進步了，但如果其他小孩成績進步更多，他就無法因為進步獲得好評。這種評價方法就是要解決這個問題。

以職場來說，營收或簽約金額如果超越上一期，評價就高，未超越時評價就低，和其他人的成績無關，也不設定所有人共同的絕對基準，單純看一個人的成績變好或變差。

個人內評價的優點，就是即使能力較差，仍可針對個人的努力和成果做出評價，所以能力差的人也能維持士氣。

缺點則是若只使用此方法，可能讓能力高的人不滿。例如賣出 1,000 個商品的人，營收與之前比增加 10％；只賣出 100個商品的人，與自己相比營收也是增加 10％，難易度和貢獻度截然不同，但卻獲得相同評價，能力強的人自然會喪志。

在工作場合，一般目標設定會採用相對評價或個人內評價；而資格認定則採用絕對評價；綜合性評比則採用相對評價。不過雖然相對位置沒有改變，但實質能力的確有成長時，評價時也要下些工夫，根據個人內評價的概念，指出他做得好的部分，避免當事人的士氣下滑。

3 種評價方法各有優缺點，所以必須在了解每種方法的特

徵後，巧妙結合運用。

根據個人成績進步或退步評價

個人內評價

→ 以個人過去實績為基準決定評價

優點 就算能力差，只要成果提升就可獲得好評，
不論能力高低都容易維持士氣

缺點 能力強的人容易不滿

（ 目標設定常採用絕對評價或個人內評價；資格認
定常採用絕對評價；晉升與否則常採用相對評價 ）

19

不犯錯是最重要的嗎？

▶ 加法思考、減法思考

Question

公司充斥著不犯錯最重要的氛圍，因為萬一不小心犯錯，對考核影響很大，所以大家都很消極。就算想挑戰新事物也會被周圍的人反對。工作時大家都只想要蕭規曹隨，保護自己，這樣下去公司不會有未來，至少我希望自己管理的部門能動起來，我需要下什麼工夫呢？

　　謹慎小心、不犯錯是日本的傳統，日本人工作追求正確性和仔細，可說是這種謹慎態度的結晶。想照著前例行事，也是因為這樣可以預防出乎意料的失敗。

　　然而在技術革新激烈的今日，隨時有可能出現無例可循的情況，各行各業也都必須尋求因應變化的能力。個人工作方式和職涯經驗累積，也都出現許多不可預期的變化。

　　在變動的時代中，光是循前例避免失敗的被動態度是不夠的，也必須有因應社會變化，挑戰新事物的積極態度。**要採取積極的態度，就要讓員工意志不消沉，有活力地工作，因此必須在人事考核的系統下工夫。**

　　如果還繼續採用「不求有功，但求無過」的考核系統，大家自然都會採取消極守勢。**大膽放手挑戰的人因為承擔極大的風險，周遭的人會為求明哲保身，極力和他保持距離，且容易被不當對待，所以最重要的就是改革職場的考核系統。**

抱持積極心態，就算沒達標，成績也不差

　　舉例來說，當業績目標難以達成時，「這樣下去不可能達成業績目標，再怎麼努力也無法逆轉，應該會被主管罵吧，人事考核也會是最壞的結果，沒救了。」如果抱著這種悲觀的想

法，就會灰心喪志，不但不能達成目標，甚至成績還可能一落千丈。

相對地，「這樣下去不可能達成業績目標，再怎麼努力也無法逆轉，但也只能死馬當活馬醫了。就算達不成目標，也要努力多爭取成交件數，多一件也好。」如果抱著這種積極心態，就可維持高昂士氣。結果就算無法達成目標，成績一定也比悲觀的人好很多。

與其一開始就放棄，抱著死馬當活馬醫的積極態度，更可望提升成績和能力。

正向心理學之父馬汀‧塞利格曼（Martin Seligman）指出，遇事樂觀接受的人比起悲觀的人，不論是讀書、工作或運動，都有較好的表現。這可說是積極心態影響的結果。

如果一直擔心無法達成目標，心情自然會消沉，當得不到預期成果時，就會越來越焦慮，導致無法充分發揮實力；相對地，抱著盡力達成目標心態的人，不會意志消沉，可以持續盡最大的努力（見第 02 節）。

為了不讓員工意志消沉，最好改成什麼樣的考核系統呢？

失敗不可避免，重要的是活用失敗經驗

不約訪，直接上門開發新顧客的人，必須有不管吃多少閉門羹，都要堅持下去的韌性。即便遭受多次拒絕，還能維持鬥志、主動進攻的人，性格特徵就是具有「加法思考」。

「又被拒於門外了」、「這已經是連續第 5 家閉門羹了」等，計算失敗次數的想法是「減法思考」；反之，「至少他願意聽我說明了」、「有 3 個人聽我說了」等，計算成功次數的想法則是「加法思考」。

同樣面對 80％的閉門羹，習慣「減法思考」或「加法思考」，兩者士氣大為不同。如果只注意到高達 80％的失敗件數，就會意志消沉、士氣低落，但如果注意力放在有聽自己說明的件數上，雖然只占 20％，但比較容易維持士氣。

所以為了維持高昂士氣，讓大家不畏懼失敗、勇於積極挑戰新事物，**重要的是拋棄「減法思考」的習慣，改用「加法思考」**。這樣一定有助於激發職場活力。

今後環境變化將更劇烈，前所未見的情況陸續發生，沒有什麼事是一定會成功。如果畏懼失敗就不可能創造事業，面對這樣的環境，最重要的不是不失敗，而是好好面對失敗，活用失敗的經驗進行下次挑戰。

因此我們必須把以「減法思考」為基本原理的考核系

統，改變成以「加法思考」為基本原理。跳脫常見的「減法思考」，讓「加法思考」在組織內生根萌芽。

　　當然保留原本注重正確性與細心工作態度也很重要，所以避免敷衍、偷工減料的「減法」規範也不可或缺，但也必須要有「加法」的機制，在挑戰失敗時不但不減分，反而要對積極態度加分。

環境變化劇烈下的考核系統

跳脫以減法思考為基本原理的考核系統	建構以加法思考為基本原理的考核系統

變身為勇於接受挑戰的組織
※ 但也必須有避免敷衍、偷懶懈怠的「減法」規範

20

目標定的越高，
成果越好嗎？

▸ **目標設定理論**

Question

有人跟我說，要成就一個持續有成果
的職場，導入目標管理至關重要，而
且目標越困難越有效，所以我就照做
了，但員工反應很不好，有員工乾脆
直接放棄，因為「這種目標根本不可
能達成」。設定越困難的目標，成果
越好，這種說法到底正不正確呢？

　　歐美成果主義傳入日本後，目標管理（Management by Objectives,MBO）也開始在社會普及，其後根據的就是「目標設定理論」。這是有關設定目標、目標設定方法，如何影響士氣和成果的理論。

　　嚴以律己、士氣高昂的人，不主動要求他，他也會做出成果，但大多數人都寬以待己，總是選擇輕鬆的路走。所以才需要目標管理。

　　關於這一點，目前主流想法是「設定困難的目標比較好」，我們先來看看這麼說的根據。

高目標可提升業績，但可能打擊士氣

　　心理學家艾德溫・洛克（Edwin A. Locke）和蓋瑞・拉山姆（Gary P. Latham），強調目標設定的效果。與其不設定目標茫然地工作，有目標的確更可讓人振作。但問題就出在如何設定目標。

　　針對如何設定目標，他們做了許多研究。結果顯示，設定具體的困難目標比較好。他們在至少八個國家，以一百種以上的工作，超過四萬名的從業人員為對象，進行大規模調查，結果證實，設定「具體的困難目標」可提升業績。

　　洛克等人根據許多研究的結果，針對目標困難度與成績的
關係，提出下圖所示的模式。圖中斜線 A 表示目標越高，越能
提升成績，但到了一定程度後，再怎麼努力也無法提升成果，
到達能力的極限，也就是圖中 B 的位置，只要仍努力接近目
標，成績就不會低落。

　　但這個模式也可看出其弊端。如果目標太高，再怎麼努力
也看不到終點時，人們就可能放棄努力，也就是圖中的虛線 C。

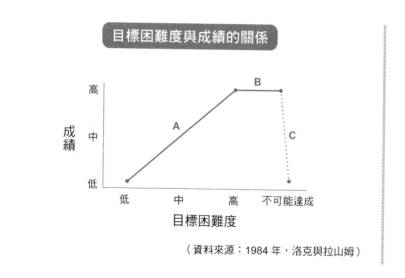

（資料來源：1984 年，洛克與拉山姆）

　　由這個模式可知，當目標太過困難時，就算一開始成績不
錯，到了某個時點發現「根本不可能」時，就會像圖中的虛線
C 一樣，士氣跌落谷底。

最近常見的許多企業醜聞，也是因為被迫達成困難目標而
發生的。

因認為設定困難目標有效，企業嚴格管理員工，導致士氣
低落，或發生為了得到報酬，不擇手段的醜聞等，必須小心。

模糊的目標容易產生認知差異

為什麼設定具體的困難目標有效？可以參考「盡最大努
力」的研究。

如果是要求「盡最大努力」這種模糊的目標，欠缺具體基
準，寬以待己的人就容易放縱自己。

再者，如果是「盡最大努力」這種不夠具體的目標，負責
考核的主管，心裡想的最佳，和執行的部屬認知，可能也不一
樣。結果很容易出現部屬覺得　我都這麼努力了，為什麼得不
到好評？　主管也覺得「你為什麼不能再認真一點？」雙方因
此心中各有不滿。

目標設定的方法

　　洛克等人提出目標設定的關鍵 7 步驟（見下表）。看看這些項目，你可能會有恍然大悟的感覺，但真的實踐時也可能落入陷阱裡，必須小心。

目標設定的方法

1. 確立任務性質（編製工作說明書）。

2. 明定績效的衡量（評價）基準。

3. 以成果衡量指標和行為觀察量表等，明確目標基準。

4. 設定達成目標的時間範圍。

5. 有多項目標時，排定優先順序。

6. 必要時將各目標依重要性（優先程度）及困難程度打分數，加權（重要性、困難程度和目標達成度的乘積）求得各目標的綜合分數。

7. 進行與目標達成相關的橫向協調。相互關聯的任務使用團體目標，但使用時應明確個人對團體成果的貢獻度。

以 1. 來說，把應該做的項目全寫在工作說明書上，不切實際。因為像是顧客應對等，常有許多意料之外的事件和需求，不可能事先全部列舉出來。若還是以工作說明書為基準評價的話，員工可能會對工作說明書上沒有的項目或事件敷衍了事，影響日常業務，或是使得責任感重的人負擔較重。

2. 和 3. 也是很常見的做法，用量化方式衡量成果，常聽人開口、閉口就是數值目標。業務、成交數和銷售量、銷售金額等容易量化的指標也就算了，如果要針對行為表上的項目打分數，就很容易演變成對表上有的行為公事公辦，但不在表上的項目因不在評價範圍內，就不下工夫。另外，運用行為觀察量表時，容易流於主觀評價，或受人際關係影響，這一點也不容忽視。

所以設定目標，根據目標進行評價時，必須意識到這些陷阱的存在。

21

業績達標了，
為什麼開心不起來？

▶ 天花板效應

> 聽說要提升士氣、增加業績，就要每
> 年設定目標，不要讓員工只是茫然
> 地工作，所以幾年前我就開始這麼做
> 了，可是雖然大家幾乎都可以達成年
> 度目標，職場氣氛卻好像並不熱絡，
> 業績好像也沒有太多成長。是不是我
> 的目標設定方法有問題呢？

現在雖然很常透過具體的目標設定，打造出士氣高昂、成果豐碩的團隊，但也**必須小心因此帶來無意義的數值，產生負面影響**。

舉例來說，不同於容易有營收、簽約金額等數字指標的業務部門，會計、人事、總務等部門常根據行為檢查表，強行訂出數值化目標。

因為只根據成績評價學生不夠全面，學校也將學習態度列入評價，甚至有些學校還把上課中舉手次數、發言次數、問問題的次數等，都視為主動學習的計算分數。

結果不認真學習、考試成績很差的學生為了賺分數，不了解也舉手，沒興趣也提問，最後得到好成績，而學力高、考試分數好的學生，反而得不到好成績。

職場如果出現類似狀況，誠實認真工作或能力強不屑賺小分數的人，就會因此喪失拚勁，公司因此損失慘重。

為了喚醒大家注意這個問題，我們一起來了解「天花板效應」。

只想「剛好」達標，不想超出目標

所謂「天花板效應」，指的是數字成長已經到頂。套用在

目標設定理論中，就是指一旦達成目標或預期可達成目標時，就不會想再多做努力，而開始偷懶怠惰。

「天花板效應」主要有以下兩個因素。

擔心下一期目標太高

下期目標一般都根據本期實績設定。如果本期太努力，可想而知下期會有更高的目標，只會苦了自己，所以本期實績做到差不多就好的心理作用。

超額達標覺得自己虧了

如果以是否達成目標來評價，希望剛好達標，以免做太多自己虧了，這也是合理的想法。所以一旦預期可以達成目標，就會出現減少努力，以免超出目標太多的心理作用。

什麼是「天花板效應」？

擔心下一期目標太高　　　超額達標覺得自己虧了

天花板效應
（數字成長到頂）

 超額達標部分，也應給予相對應的獎勵

要預防出現「天花板效應」，就必須考量到這些心理因素擬定對策。

首先，下一期目標不全根據本期實際業績設定，在承認本期實績良好的同時，也要考量到特殊因素的影響，設定下期目標時要多加思考，比方說設定比過去幾年平均實績高一點的目標，或是根據本期全員實績的平均值，設定高一點的目標等。

其次也要針對超額達標給予相對應的評價。如果能給予超額部分的報酬，或超額部分也納入評價，應該就不會因為太過努力而覺得自己虧了。

只要注意這些細節，就可以預防不想太努力的「天花板效應」，也可期待職場充滿活力，大家都有努力到最後一分一秒的鬥志。

留意為求達標，做出灌水的業績

評價法的陷阱除了「天花板效應」，還有灌水的數字。這是指為了達標而美化檯面上的數字。

隨著成果主義導入設定數值目標，目標達成與否左右薪

資、獎金的多寡，於是許多職場都充斥著數字灌水的現象。

　　假設本期營收目標為 700 萬台幣。雖然努力衝刺，接近期末時還缺數百萬元，這樣下去應該無法達標。此時業務員就去找顧客，以打折為誘因，要求顧客配合把去年簽的 3 年合約解約，重簽新約。這就是典型的數字灌水。

　　就算這種操作可以讓個人達成業績目標，但對公司來說，打折後的收入反而減少了。只是數字遊戲而已。

　　為了避免這種操作，**除了新成交數，也必須想辦法將以往年度持續中的合約列入今年實績考核**。

　　綜上所述，目標管理有時會因為太重視數字，導致數字無法反映實質工作狀況和收益。為了避免這種狀況，請檢查是否有無意義的數值化要求，是否已建構起可預防天花板效應的考核系統，以及考核系統是否可預防數字灌水等。

「天花板效應」的預防方法

預防方法

1　下期目標不全根據本期實績設定

例如……

- 設定略高於過去數年平均值的目標
- 設定略高於全員平均值的目標

預防方法

2　超額達標也列入評價

例如……

- 給予超過部分的報酬
- 超過部分也反映在評價上

第 3 章

處理複雜職場關係的「人際心理學」

22

為什麼搶了功勞的人，
還能若無其事？

▶ **自利偏誤**

Question

同事總是很自然地搶功。大家不好意
思直接找他抗議，又怕破壞公司氣
氛，所以一直忍耐，但他好像什麼事
都沒有一樣，還很親密地找大家聊
天。真不敢相信有人這麼厚臉皮、神
經這麼大條，他心理到底打著什麼算
盤啊？

　　職場上什麼人都有，有人難搞到讓人避之唯恐不及，但每天卻還是得一起工作，真的讓人心累。所以才有人說，職場人際關係就是最大的工作壓力來源。

　　以前重視個人評價的時代，還不太好意思做出那麼厚臉皮的事，但**隨著成果主義盛行，成果代表一切，搶功的主管和同事動作就越來越大了。**

　　每個職場都有這種厚臉皮的人，許多人最難理解的是，他們竟然完全不覺得自己做了什麼不對的事。搶了別人的功勞為什麼不會不好意思呢？為什麼還能像什麼事都沒發生一樣，毫不在乎地跟人交談呢？真不知道這種人的神經是怎麼長的！會有這些疑問也是理所當然的事。

　　其實這背後就是「自利偏誤」（Self-serving bias）的心理機制在作祟。

功勞歸自己，失敗歸他人

　　人們有一種心理傾向，就是解釋一件事時，會導向對自己有利的一方。

　　典型的代表就是有好結果時就歸因於自己，結果不理想時就歸因於外在因素。

這種心理傾向就稱為「自利偏誤」。簡單地說，就是**事情順利時高估自己的貢獻，反之則把責任推給他人或環境。**

心理學家安東尼·格林華德（Anthony Greenwald）常舉考試成績和考卷作為「自利偏誤」的例子。

同一份考卷，成績好的學生會認為考題難易適當；成績差的學生，會忽略自己學力不足的問題，認為成績不好是因為考題太難。

來聽我講課的學生們也常出現這種狀況。進入自主意識高漲的時代後，生活中隨處可聽到各種抱怨，每每考試後就有學生抱怨「考題超出考試範圍」、「還沒學過的內容也拿出來考」等。其實根本沒有這種事，老師們只能說「也有學生考將近滿分，只要看看高分學生的筆記，應該就可以證明考試內容都教過了」。

會有這種抱怨的學生，多半是成績不理想的學生。上課不認真聽、考前也不好好準備，所以根本不知道老師有沒有教過，「自利偏誤」的心理作用下，想把自己做不好的原因歸咎在考題上。

此外也有心理學實驗，讓受試者一起進行共同作業，但過程中不會知道每個人貢獻了多少，然後驗證受試者會把結果歸因到誰身上。結果顯示，一切順利時受試者會歸因於自己，但不順利時就會把責任推給別人。

什麼是「自利偏誤」？

好結果	壞結果
↓	↓
歸因於	歸因於
自己	自己以外的因素

因為自己發揮了領導力	因為對手使出檯面下的手段
因為自己很努力	因為被主管討厭
因為自己的點子有效	因為成員沒有發揮實力

搶功的人自己也沒發現

「自利偏誤」並不是有意識的行為，而是下意識的反應，**本人自己也沒發現**，所以才麻煩。這也就是搶了別人功勞，還可以坦然跟大家相處的原因。

從學生的例子來說，考不好的學生是真心認為考題太難。

從共同作業的實驗來看，一切順利時受試者真的覺得自己

的貢獻比較大,不順利時也深信責任在別人身上。人類的認知就是這麼容易遭到扭曲。

所以**搶了別人功勞的主管或同事,也是因為「自利偏誤」,真心覺得那是自己的功勞**。所以他們沒有惡意,也不覺得不好意思。

但站在功勞被搶的人立場來看,搶了我的功勞還跟沒事一樣,而且還很友好地來跟我閒聊,真的不敢相信有人神經這麼大條,真是氣到不行,可是對方又沒有搶功的自覺,一點都不覺得自己應該慚愧。

這麼一來,生氣好像反而虧大了。自己因為這樣而精神狀態不佳,被壓力搞壞身體,甚至士氣低落,反而好像很蠢。

就算跟對方抱怨,但因為他並沒有這樣的認知,因此也不會老實承認吧。爭執只是陷入泥沼,反而為自己帶來更沉重的壓力。

所以大家要記得人類有「自利偏誤」的心理機制,自戀的人這種傾向更為明顯。平常就要保護好自己。

例如當自己的點子被盜了,不要只有口頭溝通,即使是事後也要寄電子信件確認,留下證據;接到命令行動時也要留下確認的信件,並將副本寄給相關人士。只要有客觀證據,因「自利偏誤」而看不清事實的人,也比較容易接受「原來實際情況是這樣」。

如何保護自己不受「自利偏誤」所害？

留下證據

→ 用電子信件往來溝通企畫或點子等

→ 即使是口頭溝通也要寄出確認信件

→ 把電子信件用副本寄給相關人士

23

如何與易怒的主管相處？

▶ 擔心被看扁

Question

對於提案或指示，我不過說出自己想到的問題，或指出自己擔心的地方，主管立刻臉色大變，大罵「你對我的提案有什麼不滿嗎！」「你覺得我的話不能聽嗎！」搞得我也很火大。為什麼主管那麼容易生氣？

　　我常聽到有人對主管的易怒感到頭痛。

　　有人在部門會議中，因為不太了解主管提案的內容而發問，結果主管勃然大怒，大罵「你對我的提案有什麼不滿嗎！」對於主管的指示有疑問，想再確認一次時，主管也會破口大罵「你覺得我的話不能聽嗎！」這樣根本無法溝通，自己只好閉口不言。可是真的無法理解主管為何那麼易怒？

　　還有人表示主管雖不易怒，但只要一點小事立刻鬧彆扭，也很傷腦筋。自己明明沒有批評主管提案的意思，也認為提案很好，只是覺得需要調整一下更適合實際狀況，才提出意見，可是主管卻鬧彆扭。然後自己還得冷汗涔涔地圓場「果然還是比我熟悉現場的人，才想得出好點子！」

　　不論主管是易怒還是鬧彆扭，背後其實都潛藏著擔心被看扁的心理。

越缺乏自信的人，越會虛張聲勢

　　生氣、鬧彆扭、挖苦人，雖然反應各有不同，但反應過度的人，心中都很擔心被看扁。

　　擔心被看扁，就是心裡總有怕被看扁、被看輕、被嘲笑的不安。

　　不是真正有自信的人，就越會採取高傲的態度，用充滿自信的樣子偽裝自己，虛張聲勢。

　　當事人以為，這樣可以讓別人更看重自己，但周圍的人反而會把他當成小人物。因為虛張聲勢反而透露出一個人內心的不安。

　　內心常擔心被看扁的人，即使別人毫無此意，也會覺得自己被對方看輕了。所以別人不經意的一句話，也會讓他覺得「他是不是在嘲笑我？」而反應過度。

　　心理學實驗也證明，有自信的人幾乎可以正確推測出，對方如何評價自己；但缺乏自信的人常常低估，對方給自己的真實評價。

　　人生經驗不足，或不習慣想像對方心理的人，會因為無法理解對方為何反應過度，而感到焦躁不已。其實只要知道這種心理機制，就知道沒必要那麼焦躁。

　　要和擔心被看扁的人好好相處，有效的做法就是先了解對方的心理機制，舒緩對方的不安。

用「報、連、相」舒緩主管的不安

　　每個人心中都有缺乏自信和不安的時候。站在部屬的立

場，會覺得主管和資深員工經驗豐富，應該很有自信，其實並非如此。

就算是主管也不是全能的，也有擅長和不擅長的領域。管理階層要管理各式各樣的事，有時也無法深入了解個別事件，因此會說出文不對題的話。所以主管也會擔心被部屬看輕。

讓人不放心的部屬常能得到主管的關愛，這是因為主管不會擔心被他們看輕。獨立自主的部屬很容易讓缺乏自信、擔心被看扁的主管出現「反正你也不需要我幫忙」的想法。

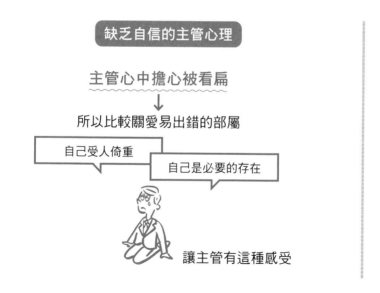

所以想和易怒、鬧彆扭、挖苦人的主管和平相處，重要的

是舒緩他們心中被人看輕的不安。

　　有效的做法是「報、連、相」，也就是報告、連絡、相談。「報、連、相」是為了讓主管掌握部門的現狀，才能做出適當的指示、防止經驗不足的部屬做出錯誤判斷等。但除了實務上的意義，其實還有心理學的意義——顧全主管的內心。

　　「報、連、相」有顧全主管內心的心理學意義，聽到這種說法，一般人可能覺得不知所云，但其實這也是「報、連、相」存在的理由之一。

　　如果部屬頻繁地進行「報、連、相」，主管就可以確認自己的存在感，覺得自己受到尊重、被部屬依賴。舒緩主管心中怕被人看輕的不安。

　　如果部屬很少進行「報、連、相」，主管會覺得自己的存在價值受到質疑。越缺乏自信的主管，越容易覺得部屬不把自己看在眼裡，不信任自己。

　　從這個角度來看，我才會說「報、連、相」存在著顧全主管內心的重要含意。

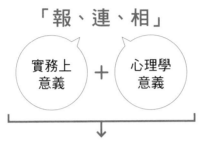

「報、連、相」可以顧全主管的內心

「報、連、相」

實務上
意義
＋
心理學
意義

主管得以再次確認自己的存在感，放下心中不安

24

我的個性屬於
哪種類型呢？

▶ **自我圖**

Ｑuestion

想要工作順利就要打好人際關係，但
在現實的人際關係中，通常很難知道
自己是什麼樣的人、有什麼習慣或毛
病。有沒有什麼好方法，可以知道自
己的性格特徵對人際關係的影響？

　　人的行動不只被理智左右，也會受情緒影響，因此工作要順利，必須維持良好的人際關係。明明條件比競爭對手好，卻因為人際關係的因素接不到單，這也很常見。設身處地站在顧客角度想，應該就可以了解顧客想跟知情知趣的人下單的心情。

　　有些人總是處理不好人際關係，這些人常見的問題是，不自知自己的性格，對人際關係有什麼影響。雖然人很難很了解自己，但為了工作順利、成功，還是必須知道自己的性格特徵，發揮自己的優點，避免缺點帶來的影響。

　　要掌握影響人際關係的性格特徵時，「自我圖」（Egogram）可以提供一個簡單明瞭的架構。

每個人都有 5 種心理

　　「自我圖」是精神科醫師約翰・杜塞（John M. Dusay）根據推動精神醫學前進的大師艾瑞克・伯恩（Eric Berne）的溝通分析所創，**用柱狀圖表示 5 大心理狀態強弱。**

　　「自我圖」將自我狀態分為「父母的自我狀態」、「成人的自我狀態」與「兒童的自我狀態」3 種，再將「父母的自我狀態」分成「嚴控的父母」和「慈祥的父母」2 種。而「兒童的自我狀態」也可以細分成「自然狀態的兒童」和「順應的兒

童」2種。

不過「自我狀態」這個詞會讓人覺得很高深，所以我們可以用下面簡單明瞭的說法取代。

「父母的自我狀態」也可以說成是父母心。父母心有兩面，也就是說父母對子女的心，有想嚴格鍛鍊子女的一面，也有保護子女慈祥的一面。一般稱前者為「父性」，後者為「母性」。所以我將「嚴控的父母自我狀態」稱為「父性」，將「慈祥的父母自我狀態」稱為「母性」。

「成人的自我狀態」其實就是大人心。對大人來說，課題就是適應現實社會，因此大人心的功能就是促進一個人適應現實社會。所以我將「成人的自我狀態」稱為「現實性」。

至於「兒童的自我狀態」也可以說是童心。童心也有兩面。因為兒童尚未經過社會化，所以有想怎樣就怎樣、自由奔放一面；同時兒童又必須活在父母的保護下，所以也有看父母臉色、聽父母話的順從一面。前者可稱為「奔放性」，後者可稱為「順從性」。

可以說每個人都有父性、母性、現實性、奔放性、順從性這5種心理。每種心理的特徵如下：

父性

所謂父性（CP，Controlling Critical Parent），就是引導、鍛鍊一個人的嚴格心態。指的是透過命令、激勵、驅使、叱責、處罰等，嚴格鍛鍊一個人的心態。

母性

所謂母性（NP，Nurturing Parent），就是溫柔包容一個人的體貼心態。指的是透過同理、安慰、原諒、保護等，超越善惡包容一個人的心態。

現實性

成人的自我狀態（A，Adult），是促進適應社會的現實心態。正確掌握眼前狀況，根據客觀資訊冷靜做出判斷，有效地因應現實的心態。

奔放性

自然狀態的兒童（FC，Free Child），是不受任何拘束，自由奔放的心態。指的是天真地表現出自己所想，自發行動，偶爾任性而為，天真爛漫並且活力充沛的心態。

順從性

　　順應的兒童（AC，Adapted Child），是順從別人的心態。指的是老實地聽別人的話、看別人的臉色，順從權威和命令，壓抑自己的意見和心情去配合別人，協調但消極的心態。

「自我圖」能反應人際關係中的性格

　　把這 5 大心理的強弱狀況化為圖表，就能得到「自我圖」。5 大心理的比重，造就出一個人在人際關係中的性格。

　　編製「自我圖」時，先將最常出現的心態以長柱表示，其次將最少出現的心態，以短柱表示。以這 2 根柱圖的長短為基礎，再回顧其他 3 種心態的強弱，決定柱的長短。每種心態的柱圖長短，顯示出性格特徵（見下頁圖）。

　　所謂人際關係，除了自己，還必須有其他人才能成立。良好的人際關係最好也要參考對方的「自我圖」模式。方法和畫自己的「自我圖」一樣，邊想著對方的表現，邊畫出柱狀圖。

　　杜塞編製了 6 種典型的性格模式圖，可供大家用來理解、運用。

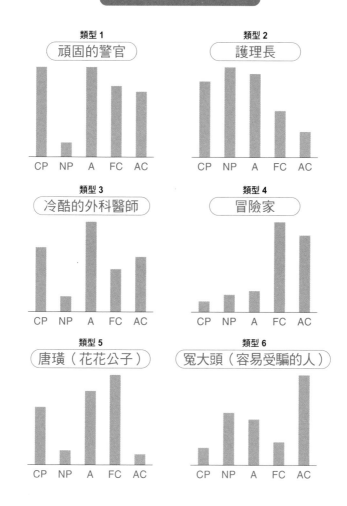

25

如何提升溝通力？

▶ 溝通力 6 因子

Ｑuestion

孩童或學生時期說到溝通力，通常指
的是讓人發笑的能力，對這一點我也
十分有自信，可是最近卻被主管指出
我溝通力不足，讓我不知如何是好。
提升溝通力到底該注意些什麼呢？

　　上班後需要的溝通力，和學生時代大不相同，許多上班族都有這種感觸。

　　有些人在學生時代不善於交際，常活在能言善道的人陰影下，上班後卻因為能理解別人的話、做出適當反應，而獲得信賴及好評。

　　另一方面，有些人在學生時代能言善道，是大家的開心果，總是團體中最閃亮的那顆星，上班後卻被人說不會傾聽、缺乏同理心，自己也搞不懂怎麼會這樣。

　　雖說是溝通力，大家對它的想像並不一致。到底應該如何看待溝通力、必須磨練什麼樣的能力？

提升溝通力的 6 因子

　　我用自己編製的「溝通力量表」來分析溝通力。量表由以下 6 因子組成。

社交性：面對陌生人也不膽怯、說話得體

　　社交性低的人，最煩惱的事是不會閒聊。就算社交性低，對於應傳達事項、應說明的事、報告等內容，也都能說，但說

完必要內容後，就想不到可以說什麼，令場面尷尬不已。此時，與其追求自己變得能言善道，不如把重點放在傾聽，以做一個懂得傾聽的人為目標。

自我揭露性：不採自我防衛的態度，坦率交心

自我揭露性低的人，對自己沒有自信，擔心東、擔心西，也不太相信別人。**不自我揭露的人，會讓人覺得有距離感，很難建立親密的關係**；反之，自我揭露性高的人，雖會給人好感，但凡事都不能過與不及，還沒建立親密關係時，就說太多私事的人，會讓人覺得是無法控制自己、情緒不穩定的人。

自我主張力：能有條理地表達自己的想法

說服性溝通的目的，是讓對方了解自己想說的話。因此說的時候不是什麼都說，簡單明瞭地說比較有效，說太多只會讓事情變得複雜，讓對方難以理解，此外，過度自我主張也會讓對方心生反抗。為了讓溝通順利進行，必須在「自我主張力」、「傾聽力」和「理解他人的能力」之間取得平衡。

感情表現力：能表現自己情緒，打動對方

　　明明有邏輯力，卻總是說服不了對方的人，通常都有感情表現力差的缺點。當雙方意見衝突，或覺得自己好像說過頭時，如果能說一句「對不起，我說得太過分了」就可以緩和對方情緒。要讓人把道理聽進去，就必須讓他先心平氣和，一個人在情緒反彈的狀態下，什麼道理都聽不進去。

理解他人的能力：關心周圍的人，並能體諒他人心情

　　每個人心中都有個寂寞的角落，現今大家光煩惱自己的事都來不及了，哪裡還有餘裕去管其他人。這種時代中最需要的特質，就是能關心他人，了解他人的心態。**和關心自己的人在一起，會讓人感到愜意。**

傾聽力：專心聆聽對方，讓對方打開心胸

　　心理諮商漸趨普及，我想這是因為，大家越來越難互相聆聽吧。正因如此，懂得聆聽的人更受歡迎。**能專心聆聽別人說話的人，就是讓人相處愉快的人。**

 ## 溝通因子越多，越容易建立人際關係

　　根據我的調查，這些溝通因子越多，越容易有正面體驗，特別是在人際關係方面，也更容易遇到好事。

　　私領域中，溝通因子越多，越容易建構親密的人際關係。

　　工作場合中，這些溝通力越高，越容易和工作伙伴與工作對象之間，建立友好關係與信賴關係。

　　看看溝通力6因子，可知溝通力絕對不光是讓人發笑的能力。即使不擅長社交的人、笨口拙舌的人，也可以提升綜合溝通力。

　　要提升真正的溝通力，就要意識到溝通力6因子。

溝通力 6 因子的效用

自我
揭露性

社交性

自我
主張力

溝通力 6 因子

傾聽性

感情
表現力

理解他人
的能力

由此 6 因子來看，溝通力越高……

越容易有正面體驗，
特別是人際關係面的好事

私領域 ➜ 良好的人際關係

工作領域 ➜ 可和工作對象與伙伴之間，
　　　　　建立友好與信賴關係

26

為什麼別人總是不懂我在說什麼？

▶ **情感性溝通**

Q uestion

給部屬指示時，我都很注意要儘量有邏輯地明確傳達，但指示總是無法被徹底落實，常常有溝沒有通。如何才能改善這種狀況？

很多人想增進邏輯溝通技巧，因此常有邏輯思考、邏輯溝通等研習課程。事實上，不少人沒有好好整理大腦中的資訊，才會不擅長邏輯性思考。

面對不擅長接受邏輯性事物的人，還是必須好好溝通，否則工作就做不下去了。

有些人不能接受講道理，跟他講道理，就會引發情緒性反彈……對這些人光講道理是沒有用的，越說他們越鬧彆扭。

此時重要的是「情感性溝通」。

事情不是只靠道理解決

明明是天經地義的事，對方卻不能接受，有時真的會讓人急得半死，「他腦袋到底裝什麼？」可是**其實自己偶爾也有，明知對方是對的，卻不想接受，或因為被說中要害**，反而生氣的時候。

假設會議上有人針對你的提案，提出質疑，你自己也覺得「對，可能會變這樣」，但對方的身分，會影響你的回應。

如果你和提出質疑的人關係良好，可能會老實承認自己思慮不周，做出讓步；但如果提出質疑的人，是平常你就很感冒的人，你大概不會輕易承認錯誤，可能會想辦法反駁對方的意

見吧。

　　或者當你覺得主管提出的業績目標太高時，如果你跟主管關係良好，可能會拿出拚勁，「好大的野心啊。雖然我覺得不太可能達成，不過還是先努力看看吧」。

　　但如果你跟主管的關係不好時，可能一開始就認定不可能，想著「主管又亂來了，這根本做不到啊」，雖然被逼著不得不去做，卻缺乏努力的決心，結果當然無法達成目標。

事情不光是靠道理解決的

為什麼說不通？

因為不是一條心

針對自己的提案有人指出風險所在，而且是
「的確如此」的內容時……

關係良好時	關係不好時
老實承認自己 思慮不周	努力想方設法 反駁對方意見

能不能接受對方的道理，和情感有很大的關係

　　由此可知，人類不是機器人，所以無法靠道理控制一個

人。當然人也有靠道理行動的部分，但也不能忽略人有感性的一面。

　　另外也可以知道，**事情不光是靠道理解決的。接不接受對方的道理，要看自己的心情。**如果自己不想接受對方的道理，自然會拿出足以對抗的道理反駁。

　　所以重要的是讓大家一條心。

「工具性溝通」與「情感性溝通」

　　我們再回顧一下溝通的功能。

　　溝通如字面上的意思，具有傳達資訊的功能，這種功能稱為工具性功能。交換必要資訊的溝通就稱為「工具性溝通」。

　　另一方面，溝通還有交流心情的功能，這種功能稱為情感性功能。交流心情的溝通就稱為「情感性溝通」。

溝通的種類

工具性溝通

‖

→ <u>交換資訊</u>的溝通

情感性溝通

‖

→ <u>交流心情</u>的溝通

　　電話或通訊軟體就是傳達必要聯絡事項的「工具性溝通」，但偶爾也會用來交換當下的想法，此時就是「情感性溝通」。

　　可以說工具性溝通是為了傳達事情交流意見，而情感性溝通則是為了連接大家的心，也可說是讓心情穩定的手段。

👤 為求工作順暢，首先要心意相通

　　對於工作上必須互相配合的人，不管是公司同事或客戶經辦，平常就要巧妙運用「情感性溝通」，連接彼此心情。要順

利推動事情，不能忽略「情感性溝通」的重要性。

　　現在不像過去，同事之間已經很少利用下班時間，一起吃飯交流，而且因為大量使用電腦，公司內的對話交流也變少了。

　　這麼一來，每個人都只能專心工作，雖說可提升工作效率，但也欠缺會話交流互通心意的經驗。也就是就心理層面來看，職場變得十分無趣。

　　正因是這種時代，大家更要有意識地運用「情感性溝通」，連接彼此心意。主動說出的一句話可能就是互通心意的重要媒介。

　　大家要記住我們不是機器人，不能光靠邏輯行動，一定要找機會交流心情。

27

為什麼有些人說話
常大言不慚？

▶ **自我監控**

Question

有同事總是很無所謂地說出大言不慚
的話，或總是嫉妒別人的好成果挖苦
人，或不在乎地做出厚臉皮的事，真
的不懂他們為何會有那種態度。那些
人內心到底有什麼樣的心理機制？

有人總是會說出厚臉皮的話，或是擺出不應該有的態度。

有人說公司同事有許多厚臉皮事蹟，總是讓他目瞪口呆。

「如果主管派給他對實績沒幫助，或是像打雜的工作，他就會趁主管不在時推給晚輩。這樣已經很過分了，他還會把晚輩完成的事當成是自己做的，向主管報告。大家都知道他是這種人，我不懂他為什麼還敢這樣做。」

還有人不只臉皮厚，無恥的程度也讓人瞠目結舌。有人就對愛嫉妒別人，又愛挖苦人的同事十分生氣。

「有一次我的業績大幅超越目標，主管因此在大家面前稱讚我。結果他就很酸地說『你只是剛好負責到好地區，你運氣真好啊』。而且這種事太多了。前幾天其他同事拿出漂亮的成果，大家都紛紛恭喜那位同事『太好了』、『你的努力有回報了』，結果他也挖苦同事『真是太陽打西邊出來了』，大家都不知該做何反應。他為什麼說話那麼討人厭啊？」

這種人也很常見。為什麼會有這種態度呢？

一般人會根據周遭反應，調整自己言行

前面的例子，為什麼可以說出那麼厚臉皮的話？為什麼在大家面前丟臉也無所謂？這種讓周圍的人不知該說什麼的人，

大概是**沒發現旁人怎麼看他吧**。如果他有發現別人對他的眼光，應該不會有那種言行。

　　一般人都是**根據周遭反應，調整自己的言行，累積經驗後減少不合宜的言行**。

　　為了說明可以調節自己言行的人，和無法調節的人的差異，心理學家馬克‧斯奈德（Mark Snyder）提倡「自我監控」（Self-Monitoring）的概念。所謂自我監控，指的就是觀察周圍反應，以調節自己的言行。

什麼是「自我監控」？

自我監控……
**看著周圍（對手）的反應，
調節自己言行的心理機能**

開始

反應不好……

改變話題　或　轉為聆聽　或　改變說明方法等

言行不合時宜的人，
就是「自我監控」未充分發揮功能

　　大多數人在日常生活中，都下意識地自我監控。看到對方厭惡的表情，就判斷「這個話題好像不太好」，改變話題。看到周遭反應不熱絡時，判斷「我的話好像不太有趣」，就停止說轉為聆聽。看到對方不信自己的樣子，就判斷「這個說明好像不太好懂」，思考其他說明方法。

　　也就是在自己心中的監視器裡，觀察自己和周遭人的反應、態度，然後看著監視器調節自己的言行。

「自我監控」的能力因人而異

　　監視器的性能因人而異，有人的監視器功能很好，也有人的監視器壞了。

　　可以自我監控的人，會視眼前的對手和周遭人的反應，調節自己的言行。因為在意別人怎麼看自己，會一直檢查自己的言行是否合宜。所以和人溝通的同時，也會關心自己心中的監視器上反映出的自己和對手，甚至周遭的樣子。

　　在和他人見面前，會在心中進行自我監控，想像對手或周遭人眼中的自己是什麼樣子，以調節接下來該採取的言行。「這樣說應該會讓人覺得我厚臉皮」、「他對這種事大概沒有興趣吧」、「說了這件事可能有人會覺得不舒服吧」等，一邊

想像對方或周遭的反應，一邊檢查說話的內容，在說的方法上下工夫。

只要自我監控適度發揮作用，就容易融入周遭環境，適應社會。也可以和同事或客戶維持好關係。

但自我監控力太強也是一個問題。太過在意別人怎麼看自己，就會壓抑自己無法自然行動，容易累積壓力。

自我監控的功能因人而異

自我監控適度發揮作用

容易融入周遭環境，適應社會，可和職場同事或廠商、客戶之間維持好關係

自我監控力太強

太在意別人怎麼看自己，以至於無法自然行動，容易累積壓力

無法自我監控

不合時宜的言行引人注意，連別人用奇怪的眼神看自己都不知道

無法自我監控的人，較以自己為中心

反之自我監控力弱的人，不太關心別人怎麼看自己，也不太關心自己的言行是否合時宜。因為未監控自己的行為，常常無所謂地說出任性或傷人的話，言行不合時宜。

結果就變成完全不顧別人反應，想到什麼就說什麼，想說什麼就直接說的人。也就是活在以自己為中心的世界。

厚臉皮到讓周遭的人目瞪口呆的人、不在乎地挖苦別人被周遭的人敬而遠之的人，都缺乏自我監控的心理習慣。雖然受不了他的厚臉皮和令人生厭的話，卻又不想破壞氣氛，所以沒有人會直接告訴他們，結果這些人根本沒發現自己的言行不合時宜。所以才會毫不在意地，做出不恰當的行為。

28

怎麼跟難搞的同事相處？

▶ **敵意歸因偏誤**

部門裡有個同事很難搞，很令人傷腦
筋。他攻擊性很強，我明明想和平相
處，他卻充滿敵意，一副要和我對抗
到底的樣子，好心跟他說個話，他也
會立刻反彈，我真的不知道如何跟他
相處，為什麼會有這種人？如何跟這
種人相處呢？請給我一些建議吧。

每個職場都有麻煩人物，但攻擊型的人物最讓人傷腦筋。

我理解同事之間難免有敵對意識，但大家同在一個辦公室，為什麼不能好好相處呢？因為這種人即使對伙伴也是懷疑東、懷疑西。

有人說自己明明是出於好心，跟他說個話，他卻立刻擺出攻擊的態度反駁，讓人啞口無言。

「無論大小事他都想跟人對抗到底，平常我就覺得他很煩了，前幾天我正打算回家時，他好像火燒屁股一樣打算加班編製文件，我就跟他說『辛苦了。加油！』結果他竟然充滿敵意地回了一句『你是在炫耀自己能準時下班嗎？』我只是覺得他很辛苦，想鼓勵他一下而已，誰知道他連這樣都要反彈，真不知該如何跟他相處。」

聽了這個例子，另一個人也說出他的類似經驗。

「我們公司也有這種人。他現在接手我以前做的事，我知道一些有效率的訣竅，好心告訴他，結果他竟然說『你是在炫耀嗎？我有我自己做事的方法！』讓人聽來十分不舒服。就算想堅持自己的做法，一般人還是會先說聲謝謝吧。哪有人像他那樣說話？所以我決定以後再也不要理他了。」

常常聽人說遇到這種攻擊性很強的人，很傷腦筋。只要理解**他們為什麼有那種反應，自己心理會比較舒服，也就可以得到，跟他們和平相處的線索。**

 ## 認知扭曲帶來攻擊性反應

　　一點小事就擺出攻擊態度的人，我常覺得他們認知扭曲，所以一般人不覺得有什麼大不了的言行，也會被認為有惡意而生氣。

　　前面的例子便是對別人的鼓勵反彈，或對別人親切的建議反彈，**其中存在著誤解對方意圖的認知扭曲。**

　　攻擊型的人認知扭曲時，最重要的關鍵是對線索的解讀。

　　例如伙伴在開玩笑時，有人會解讀成「受到侮辱」而生氣，也有人解讀成「有幽默感的玩笑」而一起笑。如何解讀對方的言行，大幅左右後續的反應。

　　一點小事就擺出攻擊態度的人，那充滿敵意的態度，很大原因是來自對線索的解讀。也就是凡事都朝壞的方向解讀，認知產生扭曲。

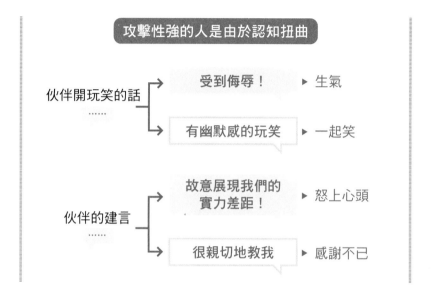

　　美國心理學家安德森（Anderson）和迪爾（Dill）用實驗證明攻擊性格的人，常把模糊的言語或往來解讀為敵意。

　　這種認知扭曲稱為「敵意歸因偏誤」（Hostile attribution **bias**），也就是把其他人的言行都歸咎為敵意的認知扭曲偏好。「敵意歸因偏誤」越嚴重的人，越會拿出攻擊型言行，以報復他們覺得對自己有敵意的對手。

被害妄想多是由於缺乏自信

動不動就有攻擊性反應的人，認知明顯扭曲。別人開他玩笑時，只要解讀成「他是想拉近距離才這麼說的」，自然會有友好反應，但如果解讀成「他把我當笨蛋，可想而知會出現攻擊性反應。

解讀成「他很親切地給我建議」，就會出現友好反應，但如果解讀成「他覺得我連這種事都不知道，故意來炫耀」，自然會出現攻擊性反應。

人類幾乎是在聽到的瞬間，就下意識地解讀別人言行中的意圖，不是有意識地去做，所以有攻擊性反應的人是真心覺得對方把自己當笨蛋。

站在我方的立場來看，這真是天大的誤解，不過其實對方是因為有被害妄想。所以就算想說明真意讓對方了解，對方也只會把說明當成藉口，根本聽不進去，徒勞無功。

和平共處的重點，就是別想要改變對方，而是改變自己的心態。

會做出扭曲解讀的人，心中其實有著深深的不安，「我是不是被看扁了？」「我是不是被當成笨蛋了？」換言之，動不動就有攻擊性反應的人，其實是因為沒有自信，一直擔心被人看扁。

　　一點小事就立刻大吵大嚷著「這是職權霸凌！」的人，常常也都是因為擔心被看扁產生的「敵意歸因偏誤」在作祟。

　　自己明明沒有惡意也沒有敵意，基於好心，親切地說出口的話遭到反彈，當然讓人覺得很遺憾，生氣也是沒辦法的事，但只要知道對方的心理機制，自己的心情應該可以好過一點，也能從容應對才是。

　　對於一直讓自己火大的人，只要想到「他一定很沒有自信、很不安」，甚至還會湧現一絲同情，怒火應該也可以消下去，冷靜地面對了。

29

怎麼化解易怒、
焦躁的心情？

▶ 挫折攻擊假說

Question

公司裡有人會胡亂攻擊別人，很傷腦
筋，這種人如果還是自己的主管，那
就更慘了。這種主管總是吹毛求疵，
每次說的話都讓人一肚子火，我只能
一直忍住不要爆發，但很怕自己終究
會忍不住。為什麼自己必須在這種
蠻橫的人手下工作呢？每次一想到這
裡，就不想上班。我該怎麼辦才好？

　　職場中如果有人像刺蝟一樣，攻擊性很強，會讓人經常處於焦躁狀態，很傷腦筋，如果這種人還是避也避不開的主管，那就更容易壓力爆棚。

　　對於說話不僅難聽，還常莫名其妙發飆的蠻橫主管，一般人很難不怒上心頭，只能強忍著不要爆發。

　　此時最重要的一件事，就是要先理解蠻橫者的心理機制。只要理解對方為什麼會那樣，就算他再怎麼莫名其妙，也會生出「唉，如果是這樣就沒辦法了」的寬容心情。

　　其次就是要正視自己容易焦躁的心理。同一位主管手下也有其他員工，為什麼自己特別容易理智斷線、焦躁不安？知道這一點就可以整理自己的生活和心態，讓自己不再焦慮不安。

欲求不滿的人容易展現攻擊性

　　要理解動不動就攻擊別人的心理，就要參考美國心理學家約翰‧杜拉德（John Dollard）等人，提倡的「挫折攻擊假說」。

　　心理學家讓吸煙者處於欲求不滿的情境下，確認吸煙者會不會有攻擊性。實驗內容如下。

　　以雙面鏡區隔，一邊坐著假扮成學生的研究助理，一邊是出題的老師。當學生答錯時，老師就按下手邊的電擊鈕，電擊

學生。真正的電擊有道德上的問題，所以老師按下按鈕時，學生是假裝被電得很痛的樣子。

實驗中間會有休息時間。吸煙的老師休息時也不能吸煙，就會陷入欲求不滿的狀態，然後繼續實驗，調查休息前、後，老師對學生的電擊方式是否產生變化。

結果不吸煙的老師沒有變化，但吸煙的老師在休息後給學生的電擊量增加了。這可說是他們攻擊衝動提高的證據。禁煙造成的欲求不滿提升了攻擊衝動，促使他們更常做出電擊這種攻擊行為。

過去也曾發生過大熱天，洛杉磯的高速公路上，因塞車而焦躁不安的駕駛人，持槍互相攻擊的案件。美國常見的槍擊事件，我想背後也有欲求不滿的因素作祟。

有報告指出，過去一年有失業經驗的人，家暴行為是工作穩定的人 6 倍之多。也可說這種暴力行為，肇因於失業帶來的欲求不滿。

莫名其妙被主管叱責的人，回到座位上就把手上的文件大力摔在桌上，或用力踢腳邊的抽屜等，這也可說是一種欲求不滿的表現。

易怒的主管其實也處於欲求不滿

根據「挫折攻擊假說」，可推測易怒的主管，應該也有一些未獲得滿足的需求。

被高層叫去後回來的主管，大聲把部屬叫去罵一頓，可以想像主管一定被高層狠罵了一頓；也可能是因為被高層要求要提升部門業績，壓力很大，結果業績卻不如預期，處於欲求不滿的狀態；又或者老是無法出人頭地，而變得欲求不滿，說不定回到家裡，也沒有自己的一席之地。

無論如何，易怒的主管，可能是在某些方面事與願違，導致欲求不滿，而出現易怒的行為，說不定他本來並沒有那麼討人厭。

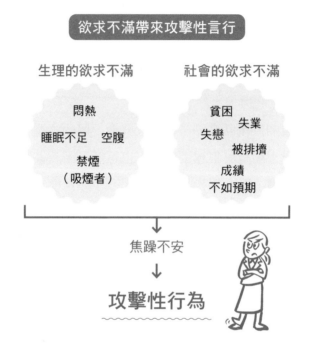

欲求不滿帶來攻擊性言行

生理的欲求不滿　　　社會的欲求不滿

悶熱

睡眠不足　空腹

禁煙
（吸煙者）

貧困
　　　失業
失戀
　　　被排擠
成績
不如預期

焦躁不安

攻擊性行為

　　我們很難知道別人發生了什麼事，但如果知道蠻橫的主管，其實也苦於欲求不滿，才會偶爾無法控制自己而抓狂，或許自己心中不滿的情緒，能夠稍微降溫。

發現自己的欲求不滿

　　不是只有主管會因為欲求不滿而湧起攻擊衝動，變得焦躁不安。這種現象也可能發生在自己身上。

　　如果自己最近很容易焦躁，以前可以忍耐的事，現在覺得忍不下去、快爆發了，那就表示自己的心理狀態可能有所惡化，此時，就要稍微反省一下。如果找到一些未獲得滿足的需求，就要想辦法因應處理。

　　如果不知道到底是什麼原因造成，**就先想辦法釋放壓力，放鬆心情**。去唱唱歌、做做運動、看看球賽和心意相通的朋友聊聊，做什麼都行，只要能讓自己放鬆喘口氣就好。這樣一來，就算焦躁不安，也比較不會抓狂爆發了。

30

受挫時，如何快速振作？

▸ 復原力

Question

我有位員工，只是叫他稍微注意一下，他就沮喪不已，無心工作，第二天甚至直接請假不來了，實在很傷腦筋，以前跟別人說都沒問題的話，卻得到他這種反應，一想到他周遭的人可能以為我對他職權霸凌，我就不知該怎麼跟他相處了。最近這種年輕人好像越來越多，他們到底是怎麼了？

　　許多經營者和管理階層常表示，很多年輕人你只是稍微叫他注意一點，他就會反彈，出現過度反應，真的很難教。過去沒有任何問題的叱責方式，現在動不動就被告是職權霸凌，也不能隨意提醒他們，這樣根本無法把年輕人教成猛將。

　　有位經營者對於這種窘境，感嘆地表示，「每個人在還不熟悉工作的時候，都有不周全的地方，這不是理所當然的事嗎？被人提醒後就改善，慢慢累積自己的實力就好。可是最近的年輕人也太脆弱了，只要提醒他不周全的地方，他就沮喪不已、無心工作，甚至第二天就直接請假不來了。我真的不知道這種人要怎麼教。」

　　不少管理階層也很煩惱，不知如何在保護自己的同時培育部屬。有位管理者就說了，「我稍微警告了一位做事不得要領的新人，還教了他一點訣竅。結果他覺得自己被全盤否定，馬上就一臉不高興，然後突然就哭了，我真是嚇了一大跳。不知道的人還以為我對他職權霸凌，真是傷腦筋。有人就說現在這種時代，就別想著要培育部屬了，反正稱讚他就對了，稱讚他他心情就會好，這樣才能保護我們自己，可是這樣也太不負責任了吧。我每天都在糾結，到底有沒有什麼好方法可以教這些年輕人呢？」

　　玻璃心的人越來越多，到底該如何是好呢？

受傷沮喪的人，缺少了「復原力」

為什麼有人被講一下就沮喪不已？遇到好事會高興，遇到不好的事會沮喪，這是人之常情，但這些人的反應實在太極端。

一般來說，遇到不好的事時，心中有緩衝區可以緩和衝擊力道，所以不會過度沮喪，可是這些人的心中沒有緩衝區，所以會直接受到嚴重衝擊。他們不但容易沮喪，而且只要一沮喪就很難再站起來。

我們說這些人的「復原力」（Resilience）很差。Resilience原本是物理學用語，指的是彈力的意思，心理學則當成復原力、韌性的意思來使用。

被主管、前輩甚至是客戶指出錯誤或叱責，任何人都會心情低落；晚輩已經達成業績目標了，自己卻怎麼努力也達不到，只要是人遇到這種狀況，應該也會沮喪；同事都做出成果了，自己卻一事無成，當然會難過失落。此時「復原力」就很重要了。

「復原力」差不只難以忍受困難的狀況，一旦心情低落也較難走出來。這時這些人常說自己「心累了」。

「復原力」強的人就算被逼入絕境、心情低落，也不會心累，一定會重新振作起來。

為自己加入「克服逆境」的能力

　　因為一點小事就心累的小孩和年輕人越來越多，教育界也因此開始關注「復原力」。

　　現在大多數年輕人都是被稱讚著長大，很少有被叱責的經驗，不習慣被叱責。因為從小不斷地被稱讚，一直處於正面心理狀態，應對負面狀況的能力很差。

　　但一旦就業就不再是顧客，而變成是服務顧客的一方，和學生時代不同，且工作還無法上手時，被罵多於被稱讚是天經地義的事。所以一路走來都被稱讚，缺乏被嚴厲叱責經驗，未曾鍛鍊過復原力的人，就會極度沮喪，有時甚至心累放棄。

　　身邊有這種「復原力」差的人時，就算很受不了他的反應，也必須小心不刺傷他，好像供奉一尊大佛一樣，如果忙得團團轉的時候，還要伺候這種人，實在令人鬱卒。但他本人也很痛苦，所以必須先了解他們的心理才知道如何應對。**因為這些人心中缺乏緩衝區，周遭的人和他們溝通時，必須下工夫加入緩衝，如用婉轉的口氣和他們溝通等。**

　　「復原力」的研究源自想了解遇到逆境時，為什麼有人可以突破，有人卻會被擊垮。整理許多研究見解後，發現「復原力」強的人可說都有下表特質。

　　如果你覺得自己的「復原力」不好，就注意這些地方吧。

復原力強的人的特徵

1. 相信自己，永不放棄

2. 認為度過難關後一定會柳暗花明

3. 不沉溺在感情中，能冷靜地眺望自己所處狀況

4. 有正面迎擊困難的熱情

5. 比起因失敗而沮喪，更會想著活用失敗的經驗

6. 覺得每天生活充滿意義

7. 接受自己努力但還不能獨當一面的現實

8. 相信他人，可建立信賴關係

31

每次一開口就緊張，
該怎麼辦？

▶ 社交焦慮

Question

有些人在陌生人面前也不會緊張，可
以立刻和人打成一片，侃侃而談，但
我只要和人講話就會緊張得半死，周
遭的人可能沒發現，但每次我都提心
吊膽，不知道自己的話是否讓人覺得
愉悅、跟大家打成一片等。我是不是
很奇怪？要怎麼治療這種毛病？

　　學生時代，只要和合得來的人在一起就好，但進入社會後，就不能這樣了。職場裡有各式各樣的人，有合得來的人，也有合不來的人。但不論是哪一種人，即使是自己不擅長面對的人，也必須和平共處。

　　此外，也會遇到像是拜訪客戶等，第一次見面的人，對於**不擅長和初次見面的人，或不熟的人相處的非社交型人來說，工作上的人際關係真的是很大的壓力來源。**

　　對於這種人來說，能跟任何人都能很快打成一片的人，實在很令人羨慕。可是這種長袖善舞、能讓周遭人開心的社交型人，心中其實也藏著人際關係的糾葛。

　　面對人的場合會感到不安，這種現象稱為「社交焦慮」。很多人都有「社交焦慮」，因此我們要來好好討探。

過度擔心別人的評價，易產生焦慮感

　　美國心理學家史倫克（Schlenker,B.R.）與利里（Leary, M.R.）表示，「社交焦慮」就是在真實或想像的社會互動中，對於人際間評價，產生高度預期和負面評論，所延伸出的焦慮。和他人在一起時，或是想到等一下要和人見面時，會擔心對方怎麼看自己，而產生焦慮，這就是「社交焦慮」。

　　不只是初次見面時，會因在乎他人感受而感到疲累，對同事、親友也都有許多顧慮而疲累不已，這種人並不少見。

　　這些人常把「不會接話很尷尬」掛在嘴邊。他們會和人打招呼，有事時也能確實傳達，但講完必要內容後，就不知該說些什麼才好，又覺得不說些什麼不行，腦中一陣慌亂，最後一片空白，什麼都想不出來。這種時候，沉默就像一塊大石頭壓在心上，因為不會接話而焦慮不已。

　　這種人並不是就業後突然出現「社交焦慮」。學生時代，甚至小時候和初次見面或沒那麼熟的朋友在一起時，應該也會覺得「要說什麼才好」、「萬一說錯話就糟了」、「他會不會覺得我是好意」等。即使是和很熟的朋友在一起，可能也會擔心「他和我在一起會不會覺得無聊」、「他會不會對我厭煩了」等。

　　有人常說歐美人選的是工作本身，而日本人選的則是職場。日本人之所以換工作，職場人際關係是主要原因，這也是因為對日本人來說，人際關係意義重大。也因此「社交焦慮」很嚴重。

👤 表面開心的人，可能是勉強表現出來的

　　會擔心和人相處，受「社交焦慮」影響的人，並不僅限於
低調話少的人。即使是和大家在一起時，都很快樂的開心果，
其實也有因顧慮他人，而勉強自己帶動氣氛的人。他們為了融
入群體、被人接受，拚命維持快樂的表象。

　　不論哪個時代，太宰治的作品都能得到許多年輕人的共
鳴，我想很大因素是來自對主角「社交焦慮」的共鳴吧。還未
完全被社會同化的年輕人，特別容易被作品打動，但其實不分
年齡，多數人也都會被作品內容感染。

　　以下引用太宰治《人間失格》的一小節，被認為是描述
太宰治本人，內心狀態的精神面自傳。搞笑融入群體的主角很
快地成為班上最受歡迎的人之一，他很害怕和人互動時氣氛尷
尬，所以拚了命活絡氣氛，但也很擔心被人識破自己的本性。
再者為了讓別人接受自己，他甚至發現自己越來越無法說出真
心話了。

勉強自己表現快樂的心理

「我幾乎無法和鄰居交談，不知道該說些什麼、該怎麼說。所以我想到一個方法，那就是搞笑。

那是我對人最後的求愛，我雖然極度恐懼人群，但同時好像又對人留戀不已。所以我透過搞笑，維持了和人之間的一縷牽連。表面上我永遠笑容滿面，但內心其實是拼了老命，爆汗努力完成難如登天、千鈞一髮的服務。」

（引用自《人間失格》，太宰治）

讀了這種文章，很多人應該覺得自己或多或少也有一點「社交焦慮」吧。知道有「社交焦慮」並不是什麼稀奇的事，應該可以稍微緩和一些焦慮。

 容易社交焦慮的人，更能同理他人情緒

大家可能覺得「社交焦慮」不是好事，其實並非如此。

嚴重「社交焦慮」的人因為很擔心別人對自己的看法，所以會顧慮到他人的行為。

美國心理學研究也證實，容易焦慮的人較會顧慮對方的想法，有禮貌且細心地往來應對，所以可以擁有良好的人際關係。

此外，研究也證實有嚴重社交焦慮的人，更能同理他人的情緒。

因此，社交焦慮也有增進人際關係的優點，大家要自覺到這一點，不要太消沉。

32

遇到自以為是的人，
怎麼應對？

▶ **自戀型人格障礙**

身邊許多同事都毫不在意地搶功，還
有人大言不慚地自吹自擂，真讓人受
不了。我也不懂他們怎麼做得出這種
事，更讓人生氣的是，只要有人做出
成果受到稱讚，他們就會一臉不屑地
挖苦別人，真糟糕。可是主管卻被蒙
騙，給他很高的評價，說他很值得信
賴，嚴重打擊大家的士氣，這種人真
的到處都有嗎？

看到同事大言不慚地自吹自擂，讓人覺得真是夠了，我想每個職場都有這種事，但有些人做得更過份，已經到了欺騙的地步了。以下就是有人就對同事的抱怨。

「自吹自擂還是小事，我覺得他是挖陷阱給別人跳。有一次前輩被主管叱責，我問他發生什麼事了，原來是主管要那個人傳話給前輩，但他卻故意傳錯，結果前輩去訪客時帶了錯誤的文件，在顧客公司丟了臉。他看到前輩被罵竟然還偷笑，而且這種事還不只發生一、兩次。」

這種人好像覺得別人的失敗可以提升自己的評價，老是使些令人不齒的小手段。

「就在前幾天，公司啟動了眾所期待的新專案，要求各部門推薦成員參加專案。課長指名要某同事參加，結果在旁邊聽到的同事就開口說『我比○○更適合這個專案。課長可以推薦我嗎？』我對他厚臉皮的程度真是目瞪口呆。因為被課長指名的前輩，實力根本就可以輕鬆輾壓他。就算我的實力真的比前輩好，我也說不出那種話。」還有人表現出對這些厚臉皮的人的厭惡。

還有人咬牙切齒地說，只要有人拿下大單被主管稱讚，就有同事見不得好，在背後四處中傷被主管稱讚的人，實在很討人厭。

深信自己與眾不同的人，特別希望獲得讚賞

有些人深信自己與眾不同，如果實在太極端，已經到了讓人無法理解的地步，就有「自戀型人格障礙」的嫌疑。

所謂「自戀型人格障礙」，指的就是深信自己與眾不同，過度自我膨脹，活在幻想中的完美人格特質。

我想很多人或多或少都希望受人稱讚、認為自己有優於別人的地方、覺得自己這尊大佛不該待在這個小廟。

就像別人的事和自己的事不同一樣，每個人都覺得自己是特別的存在。一般來說，為自己的成功感到高興的心情，一定大於祝福別人成功的心情。

但是如果極端地深信自己與眾不同，過度自我膨脹活在幻想中時，就是「自戀型人格障礙」的人格特質。

如果符合下圖中多項特徵時，就會被認為有「自戀型人格障礙」。每個職場中應該都有符合多項特徵的人吧。

這種人深信自己與眾不同，為了自己的成功，會毫不在意地利用他人。他們認為自己與眾不同，所以做什麼都可以獲得原諒。

因為有這種沒來由的優越感，為了去除心中不安，掩飾自己心中缺乏自信的部分，他們特別希望獲得他人讚賞。所以他們對於他人的評價極為敏感，如果沒有吹捧他們，就會傷害到

他們脆弱的自尊心，展現出攻擊性。

有人成功就挖苦他、謠言中傷他，這都可說是因為和人比較，傷及他們脆弱的自尊心後的反應。也因為同樣原因，對於大家一致好評的人，他們會因為嫉妒而心生厭惡。

自戀性人格障礙的特徵

特徵 1
沒來由地自信滿滿

特徵 2
深信自己與眾不同

特徵 3
希望別人稱讚，
不然就心情不好

特徵 4
毫不在意地利用人

特徵 5
無法和別人共鳴，
不關心別人的心情

特徵 6
嫉妒成果優於自己，
或比自己受歡迎的人

👤 對「自戀型人格障礙」儘量保持距離

這種人任性又具攻擊性，不是可以輕鬆相處的人。而且他們的認知相當扭曲，再怎麼跟他們說道理也說不通，甚至反而會被攻擊，讓事情越來越麻煩。所以最好就是別理他們。

這裡有個慘痛的例子。甲下班後會去健身房，他在那裡認識了乙，跟乙吃過一次飯，之後乙就常常約甲，搞到最後甲再也不敢去那家健身房。因為每次跟乙出去，就是聽他一個勁地抱怨，對甲的事一點都不關心，最後甲覺得煩了，認為「這樣下去不行」，開始拒絕乙的邀約，結果乙竟然跟健身房裡的人說甲的壞話，搞得每個人都用奇怪的眼光看甲，甲覺得很憂鬱，最後只好退出健身房。

健身房不去就算了，但工作可無法說辭就辭。如果公司裡有這種眼裡只有自己的人，絕對不要和他有任何深入交往。如果你能滿足他的期待也就算了，但他越來越依賴，等到你想逃離時，已經來不及了。

公司裡只要有一個「自戀型人格障礙」的人，就會破壞整體職場人際關係。因為不知道什麼才是真的，大家都會疑心生暗鬼。

為了避免陷入這種窘境，**只要嗅到一絲危險氣息，就要保持距離以策安全。**

33

為什麼有人會幸災樂禍？

▸ **惡意的幸災樂禍**

每當看到別人不幸，有同事就很快樂，或是嘲笑他。以前我只在連續劇中看過如此壞心眼的人，有時我甚至覺得「現實中竟然真的有這麼壞心眼的人」，實在很荒唐。我很好奇那些人到底在想什麼？

　　對於別人的不幸，一般人都會產生同情心，覺得他「好可憐」。但也有人會嘲笑別人「活該」。

　　有人聽到原本即將升遷的前輩升不了官的謠言，就很高興地跟同事說「聽說前輩升不了官了耶！」看到這位同事的反應，讓人覺得心情很不痛快，「他實在很討人厭！」

　　另外一個例子是，有位同事因為被調到很遠、很偏僻的地方，心情很沮喪，大家特地聚在一起為他打氣。結果有人竟然笑容滿面，很高興地跟他說「喂，我聽說了喔！聽說你要被下放到鳥地方了！」看到同事不幸，他好像很高興，真的讓人很不舒服。

　　像這種討人厭的人，真的到處都有嗎？

別人的失敗，就是我的快樂

　　有句俗話說「別人的失敗，就是我的快樂」，雖然聽起來很不舒服，但世上的確有這種人。

　　因為他人的不幸而快樂的心理，就稱為「惡意的幸災樂禍」（Schadenfreude）。

　　看到別人失敗就覺得快樂，聽起來讓人覺得很差勁，而且也會受到道德的非難，所以沒有人願意承認自己心中存在這種

心理。事實上對於自己身邊的人或許不會想嘲笑對方的不幸，但如果是沒有直接相關的人，其實有時還真的會幸災樂禍。

八卦雜誌的熱銷就是最好的例子。看到名人深陷醜聞中，或因為說錯話被大力撻伐，有人就覺得興奮。也有人看到藝人因為外遇被撻伐，興奮不已。明明那些人跟自己沒有一點關係，為什麼我們會對他們的醜聞、失言、外遇如此興奮呢？

以原訂 2020 年舉辦的東京奧運會徽為例，設計者佐野研二郎因涉嫌抄襲比利時設計師，為比利時列日劇院設計的商標，遭原創作者發函要求日本奧運委員會禁用。

這起抄襲事件掀起驚濤巨浪，最後東奧籌委會決定停用佐野研二郎設計的會徽。期間許多網友自封正義使者，拚命挖出佐野研二郎的所有作品，試圖從中找出其他可能涉嫌抄襲的作品，出現許多以「這設計和這個雷同，這是抄襲！」為主旨的投稿留言。

這件抄襲疑雲每天都有數千人在推特上轉傳，最高記錄一天超過一萬件。這些人為什麼這麼有毅力地坐在電腦前努力挖掘？不可否認這當中有「活該」的心態。

這些網友中，一定有人比平常工作時更有拚勁、更有活力，甚至覺得很快樂！

所以因他人醜聞興奮的人，心中其實潛藏著「惡意的幸災樂禍」心理。可以說他們是用正義感，作為冠冕堂皇的藉口，

把這種心理發散出來。

惡意的幸災樂禍＝因他人的不幸而快樂的心理

報導名人失言或不倫醜聞的
八卦雜誌大受歡迎

和自己沒有直接相關的人的醜聞，
為什麼讓人如此興奮？

↓

「惡意的幸災樂禍」的心理作用

 嫉妒心在作祟

雖說許多人會為他人的醜聞興奮，但這不表示每個人都抱著惡意的幸災樂禍，這種有攻擊性又壞心眼的心態。

被同事領先、拉開距離時，或因比較心理覺得自己很悲慘時，有時真的會出現「活該」的心理。

心理學研究指出「惡意的幸災樂禍」有幾個前提。

1. 當一個人遇到不幸時，如果原因出在他自己身上，就很可能因為自作自受，而出現「惡意的幸災樂禍」心理。
2. 不幸的程度沒那麼嚴重時，也容易出現「惡意的幸災樂禍」心理。
3. 不幸的人社會地位越高，一般人越容易出現「惡意的幸災樂禍」心理。

特別是第三點，越有錢、有能力、學歷越高、越有名的人，因為他們占盡優勢，所以一般人對他們的嫉妒心，可說是喚起「惡意的幸災樂禍」心理的主要原因。

這種狀況下，社會地位高的人不光指名人，還包含身邊只要比自己占優勢的人，如學歷高於自己的朋友或同事、受歡迎的朋友、嶄露頭角的同事、過著有錢人生活的小孩同學媽媽、

長得好看的朋友或同事等。

　　特別是對於年齡相近的同性，更容易出現比較心理，一點小事就可以喚起「惡意的幸災樂禍」心理。

　　為了避免陷入人際關係的泥淖，對公司同事還是要小心，別露出讓別人覺得你處於優勢的言行。

易被產生「惡意的幸災樂禍」心理的人物特色

特色 1

高學歷

特色 2

受歡迎的人

特色 3

有成就的人

特色 4

嶄露頭角的人

特色 5

生活富裕的人

34

找出共通點，更容易
拉近距離嗎？

▶ 平衡理論

跑業務要順利，聽說最好和客戶有相
同興趣、是同鄉、有共同朋友等，也
就是要有某些共通點比較好，這種說
法有科學根據嗎？

　　每個人應該都有一談到共通話題，氣氛變得很熱絡的經驗吧。和客戶窗口有共同興趣，容易炒熱話題，還有人會一起去打高爾夫球，一起去看棒球比賽。有時也會因為是同鄉而聊得很開心，或者聊著聊著，突然發現都念過同一所學校，覺得很懷念，一下子就拉近了彼此的距離。

　　因為有這些經驗，**有時主管就會特別指定和客戶窗口，是同鄉、或同一個學校畢業的人負責跑業務**。但有些經營者和管理階層還是存疑，這樣做真的有效嗎？

　　有位經營者就直截了當地開口問了：「我們公司也會讓同鄉或同一所學校的畢業生負責跑業務，我覺得很不可思議，因為就算來自同一個縣市，但人的個性還有很多種，有些人頻率很合，有些人就完全不合。就算是同一個學校的畢業生，也有很討人厭的人，為什麼只因為是同鄉或校友，就會放鬆戒備甚至有親近感呢？」

　　他說得很有道理。但**有共通點的人，可以讓溝通談判更為順利，這也是事實**。由此也可得知，人類其實不是經過仔細考慮後才做出反應，而是反射性地做出反應。

　　這背後潛藏著什麼樣的心理法則呢？

是否有共同喜好，決定彼此的關係

這個問題可以用美國心理學家，弗里茨·海德（Fritz Heider）的「平衡理論」來說明。

下頁圖中三角形 P-O-X 符號相乘後如為「＋」，表示三者關係平衡穩定。但只要其中有一個為「－」，三者關係就不平衡，會產生不愉快等心理反應。所以人類會想方設法恢復到平衡狀態，也就是改變其中某個符號，以讓三者乘積為「＋」。

P 代表本人，O 代表對方，而 X 則可想成是人物、物品、價值觀、興趣、喜歡的球隊、故鄉、畢業學校等各種因素。

符號「＋」表示「喜歡」、「讓人懷念」、「有感情」、「為之傾倒」等正面的關係或感情；而「－」則表示「討厭」、「不願回想」、「不喜歡」、「不關心」等負面的關係或感情。

舉例來說，假設 P 是日本職棒巨人隊球迷，O 也是。這就相當於將巨人隊放在圖 1 中 X 的位置上，P 和 X、O 和 X 的關係都是「＋」，所以 P 和 O 的關係也必須為「＋」。因此 P 和 O 很容易建立良好的關係。

海德的「平衡理論」

x：人、物、物品、價值觀、興趣、喜歡的球隊、故鄉、畢業學校等
o：對方
p：本人

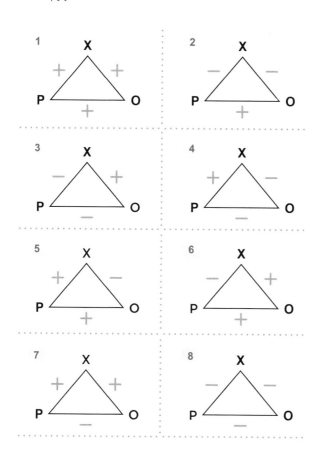

假設 P 是職棒巨人隊球迷，但 O 卻是最討厭巨人隊的阪神隊球迷，那就相當於將巨人隊放在圖 4 中 X 的位置上，P 和 X 的關係是「＋」，O 和 X 的關係是「－」，所以三者乘積要為「＋」，P 和 O 的關係就必須為「－」，因為負負得正。所以 P 和 O 的關係很容易變差，甚至彼此疏遠。

喜歡高爾夫球的人容易親近彼此、同鄉或同學校畢業的人容易拉近距離的心理，也都可以用圖 1 來說明。但如果他本身對故鄉或學校抱著負面感情，就會因為想遠離同鄉或同學校畢業生的心理作祟，變成圖 5 而非圖 1 的構圖。但這樣讓人感到不愉快，於是 O 會想逃避 P，或僅維持表面關係，最終穩定在圖 4 的構圖。

看穿複雜的人際關係

共通點不僅可以是故鄉或興趣，X 也可以放上第三人。這樣就可以用來說明日常的人際關係動向了。

例如假設 P 對 X 有好感，也和 O 處得很好。聊天中突然出現 X 的話題，因此發現 O 討厭 X。這就相當是圖 5 的構圖。

這樣下去的話，乘積會變成「－」，為了讓乘積變成「＋」，P 就提出 X 的優點，表示 O 其實誤會 X 了。如果 O

接受這個說法，並表示自己的確誤會 X 了，就會成為圖 1 的構圖，大家都相處愉快，三人之間關係穩定。

或是 O 說出 X 不好的地方，表示 P 被 X 騙了，而 P 也接受這個說明，表示真是看錯 X 了，那就會變成圖 2 的構圖，排除 X 讓三者關係穩定。

萬一 P 和 O 互不相讓，就會變成圖 4 的構圖，P 和 O 決裂，這樣也可以得到穩定的三者關係。

公司裡偶爾有人會中傷其他同事，或故意傳出謠言，背後都隱藏著試圖把此圖中「－」的關係變成「＋」的心理作用。謹記這張圖，有助於讓自己更能看清複雜的人際關係。

第 4 章

打造強團隊的「領導心理學」

35

什麼樣的主管
讓人願意跟隨？

▸ **影響力基礎**

Question

我接下父親董事長的位置,同時也讓
原來的幹部繼續留任,我覺得他們應
該不至於心生不滿,可是他們有時卻
不聽我指示,我總覺得哪裡怪怪的。
我應該注意些什麼才好呢?

　　常聽人說要接下創業者手中的棒子，不是人幹的事。想想也是，世界上有很多人創業，但絕大多數都以失敗告終，只有小部分的人成功。

　　如果**能夠成功創業，並經營到讓下一代接班的人，表示在各方面都有其過人之處。**

　　許多經營權由上一代傳給下一代的企業，都採取由上而下的決策方式。這樣比較有效率，推動新事業時可以爭取時間。但只要高層判斷錯誤，公司很可能會陷入險境。從這一點來看，可以創業讓公司步上軌道，成長茁壯到必須交班給下一代的創業者，真可說是經營能力頂尖的成功者。

　　跟隨上一代，一直支持公司成長的幹部們，十分信賴創業者的發想和決定，甚至有人為創業者的人品折服，才會一直跟隨創業者，所以他們當然會用嚴格的眼光，去看待接班人。

　　所以接班人應該注意些什麼呢？我們就用領導理論來想想看。這裡談的領導理論，除了適用於從上一代創業者手中接手經營的下一代，也適用於所有主管。

影響力的 6 大基礎

　　領導人在發揮自己影響力時，必須思考如何才能自然地發

揮影響力。此時可以從社會權力 6 大基礎切入。

心理學家傅蘭奇（J.R.P. French）與瑞文（B. Raven）提出人對人的影響力，也就是所謂的社會權力有以下 5 種：獎賞權（Reward Power）、強制權（Coercive Power）、法職權（Legitimate Power）、參照權（Referent Power）、專家權（Expert Power）。後來瑞文又加入資訊權（Information Power）成為 6 種（見下頁表）。

表中獎賞權和強制權，都是不讓部屬表達意見的壓迫性影響力。為了達成目的，部屬就算心裡不同意，也只能先照做。

可是雖然不得已先照著做了，並不表示心裡同意，心中有所不滿就很容易反彈。部屬之所以會聽缺乏相關知識的主管、不會看趨勢的主管、經營組織能力不成熟的主管、無法提出正確指示或建議的主管的話，可說就是因為有這些權力存在。

法職權和獎賞權、強制權一樣，具有「不得不為」的含意。

相對地，參照權的基礎則是把對方和自己放在一起看，「想和他一樣」、「想跟隨他」，具有善意的感情，和心理上的一體感。

因此部屬等受影響者，不會像獎賞權、強制權和法職權一樣，有「不得不為」或「沒辦法」的感受，而是很高興地接受指示或提醒。

專家權的基礎則是部屬對主管專業能力的敬意，「他有

貨真價實的知識或技術」、「我比不上他」等，所以也不會有
「不得不為」或「沒辦法」的感受，部屬會很自然地接受指示
或提醒，不會有任何反抗。

　　資訊權和專家權一樣，成立在對主管資訊力的敬意上，因
此也不會有「不得不為」或「沒辦法」的感受，部屬會很自然
地接受指示或提醒，不會有任何反抗。

影響力 6 大基礎

1. 獎賞權
透過加薪、高額獎金考核、升遷或表揚、調部門滿
足部屬希望等，有權提供金錢報酬、職位報酬、激
勵等報酬的影響力。

2. 強制權
透過延後加薪或減薪、低額獎金考核、延後升遷或
降級、處分、貶職等，有權在金錢、職位、名譽、
激勵等各層面進行處罰的影響力。

3. 法職權
因職位關係或角色關係，認為影響者對自己發揮影
響力乃天經地義的影響力。

4. 參照權
來自受影響者善意的感情，和心理上有一體感的影
響力。

5. 專家權

來自受影響者認為，影響者在某領域經驗豐富，專
業知識和技術比自己更好的影響力。

6. 資訊權

來自擁有有用資訊，或很了解資料來源的影響力。

存取必要資訊的能力在 IT 時代越來越重要，有資訊權的
人物不只由上（主管）而下（部屬）發揮影響力，由下而上的
影響力也越來越重要。

成功主管的理想狀態

主管對部屬當然擁有獎賞權、強制權，甚至是法職權，但
光有這些影響力，部屬好像總是不得已才聽話，即使表面上照
指示動作，在看不到的地方就會偷懶懈怠，或是雖然會盡最低
程度的義務，卻也沒什麼拚勁。

不論是經營者或管理階層，只要是領導人就具備獎賞權、
強制權和法職權。但只有這些影響力的領導人很可悲，因為員
工或部屬只是「被迫」、「不得已」聽你的話而已。這樣很難
期待組織有所發展。

　　理想狀態就是擁有參照權。成功的創業者應該都有這種影響力。正因為「想跟隨他」的員工很多，所以才能成功吧。接班人當然最好也有這種影響力，但這和人格特質有關，也不是一朝一夕就可以取得。所以為了擁有參照權，成為理想的領導人，平素就必須努力磨練自己。

　　短期的目標則是擁有專家權。每個人經歷不同，有人是技術出身，有人是業務、財務出身，但不論什麼出身，都必須努力關注最新趨勢。然後資訊權可以仰賴部屬，同時努力學習，以提升自己在組織管理面的專業能力。

36

如何應對經常
反駁的部屬？

▶ **尊重需求**

Question

我希望部屬能早點成為戰力，所以很嚴格地指導部屬，敦促部屬成長。但聽說很多部屬反彈，說我「只會挑毛病」。其他部門的朋友叫我小心，因為萬一被部屬說是職權霸凌就麻煩了，或是部屬因此辭職，也會被高層認為我的管理能力有問題。雖然別人這麼說，但很多部屬在工作方面真的很不成熟，也不能不告訴他們應該改善的地方，我到底該怎麼辦呢？

　　為了讓部屬成為戰力，或為了他本人好，主管必須指出部屬做不好、應該改善的地方。可是最近的年輕人動不動就反彈，甚至意志消沉，真的很難教。我想這是每個管理階層共同的煩惱。

　　我也能理解經營者和管理階層的想法。明明是為了提高工作品質，提醒部屬應注意的地方，為什麼連這麼做都必須猶豫再三？怎麼變得這麼奇怪？

　　自己年輕的時候，就算被罵得再怎麼慘，也會老實接受，修正自己工作的方式，所以很難理解現在年輕人的心情想法。

　　但時代已經不同了，經營者和管理階層**必須正視現實，理解現今年輕人的心情想法，再根據他們的想法培育他們成戰力。**

　　因此首先就要了現代年輕人的心理。

習慣被讚美的人，無法忍受責罵

　　現在的年輕人受到讚美式教育的影響，甚至還有怪獸家長，只要老師叱責小孩或對小孩嚴厲一點，立刻就去向學校告狀。所以學生們就在老師不敢叱責的氛圍中，度過學生生涯。

　　因為一路走來不停地接受讚美，年輕人的「尊重需求」一直獲得滿足。此後一旦「尊重需求」未能獲得滿足，很多人就

提不起拚勁。甚至因為他們幾乎沒被罵過,所以不少人稍微被罵一下或被念一下就受不了。

主管等年長者,小時候不論在家裡或學校,都是被罵大的,接受過嚴格的教育,所以進入社會後,就算被主管或前輩們大聲叱責,內心也有抵抗力,不至於心靈受挫,就算偶爾會對極不合理的責罵反彈,但也會咬緊牙根拚命努力,「一定要讓他刮目相看!」

可是**現今的年輕人如果被叱責,不但不會想因此做給他看,反而很快就會意志消沉。**

因此站在主管立場,不過是為了部屬好而說出口的叨念,部屬也無法冷靜接受,甚至覺得自己是受害者。

被叨念表示自己的做法未獲得認可,心情就會因此變差,喪失拚勁。嘴上常常抗議「老是挑我毛病,我都不想幹了」、「他這算是職權霸凌吧?」的人,心中應該潛藏著無法獲得滿足的「尊重需求」吧。

受讚美式教育影響的世代，難以面對叨念或叱責

因為一路走來「尊重需求」都獲得滿足
一旦「尊重需求」未能獲得滿足就提不起拚勁

→ 未曾鍛鍊精神面，不會因為受叱責而想做給對
　　方看，反而很快就會意志消沉

用「這樣做你覺得如何」取代「這樣不行」

這樣長大的年輕人不太能忍受「被挑毛病」，所以一下子就會反彈，很難轉念去想「我要讓你刮目相看！」而且他們的反彈不是因為激勵的關係，常是因為「我都這麼努力了，還被你挑毛病。我不想做了」。

也正因為如此，**在嚴格教育下長大的世代，指導現今年輕人時，必須謹記這一點，也就是年輕人的心靈極易受傷。**

現今年輕人的另一個特徵，就是缺乏自發性。雖說學生時

代的打工經驗豐富，但現代為了避免工作成果因人而異，許多
工作都已經標準化，所以工作經驗雖多，卻缺乏自己思考、下
工夫、提高工作力的能力。因此一旦「被挑毛病」，就很困惑
「那到底要我怎麼做呢？」

所以不可以一開口就「挑毛病」。為了不傷及對方的心，
不讓對方覺得自己被放棄了，最好不要用「這樣不行」、「你
那種態度客戶根本不可能接受」等否定語氣，而用「這個部分
可以再花一點工夫嗎？」「如果你的態度再客氣一點，客戶的
印象應該就會不一樣」等，暗示改善方向的說法，這樣年輕人
也比較聽得進去。

用「詢問的態度」而非命令提供建議

有人或許覺得培育這麼容易受傷的年輕人很累，但只要理
解他們的心理，應對時小心注意，其實也沒有那麼難。

除了開口時用暗示改善方向的說法，取代「挑毛病」外，
用「詢問的態度」提供建議也很重要。「你要這樣做」聽來有
點嚴肅，換個詢問的態度說「這樣做你覺得如何呢？」印象就
柔和多了。所以大家說話時要記得用比較和緩、讓別人有退路
的方式。

　　還有就是指出錯誤要求改善時，也可以用「我年輕時也常犯這種錯」，或「大家一開始都會犯這種錯」等開場白做緩衝。這也是比較容易讓年輕人接受的有效方法。

「挑毛病」對讚美式教育世代行不通

方式 1
用暗示改善方向的建議

> 這個部分可以再
> 花一點工夫嗎？

方式 2
用「詢問的態度」而非命令

> 你要這樣做　▶ ▶ ▶　這樣做你覺
> 　　　　　　　　得如何呢？

方式 3
指出錯誤時用「可做為緩衝的開場白」

> 我年輕時也常犯這
> 種錯

> 大家一開始都會犯
> 這種錯

37

事情丟給會做的人
就好了嗎？

▶ **隸屬需求**

Question

我雖然知道對部屬要一視同仁，但把
工作交給做不好的人還要收尾，實在
很麻煩，所以不知不覺地習慣把工作
交給能幹的人。而且我聽說交辦工作
時，也要授權讓部屬負責，這樣才能
激勵部屬向上，可是我的部屬好像很
不滿意。問題出在哪裡呢？

　　激勵法則之一就是滿足「自主需求」，士氣就會因此提升（見第 03 節）。一個口令一個動作雖然輕鬆，但總覺得少了點什麼。自己又不是機器人，還是想照著自己的想法行動。我想每個人心中都有這種想法，而且越能幹的人這種想法越強烈。

　　另一方面，每個人也都有「隸屬需求」（Belonging Needs），也就是和人產生關聯的需求。**把工作交給能幹的部屬後就放手不管，這樣可以滿足部屬的「自主需求」，卻無法滿足「隸屬需求」。**站在主管的立場，正因為部屬值得信賴，自己才會安心放手不管，但站在部屬的立場，卻有某種孤獨感，甚至還會羨慕那些不會做事的人。

　　學校裡也一樣，老師為了那些不乖的學生忙得團團轉，沒空理好學生，好學生因此覺得寂寞。這種常見的狀況也可以套用在職場上。

　　所以身為主管，**重要的是要滿足部屬，包含能幹的部屬在內的「隸屬需求」。**

不擅經營人際關係，卻也希望被關注

　　有人說年輕人公私分明，討厭被捲入職場人際關係。現在的年輕人不喜歡跟主管吃飯，不想參加職場的聚餐，可是他們

雖然討厭工作結束後還要陪主管，卻也有很強烈的欲望，希望主管關注自己。

日本統計數理研究所，每5年會做一次國民性調查。調查結果顯示20～29歲的人，喜歡「薪水少一點但有家庭氛圍的公司」勝於「薪水高但沒有家庭氛圍的公司」的人，2003年為35%，2008年為45%，2013年為48%，顯示越來越多年輕人追求有家庭氛圍的職場。

至於和主管在工作以外的交流，以20～29歲的人來看，覺得「有交流比較好」的人2003年為55%，2008年為65%，2013年為72%，顯示越來越多年輕人，希望和主管之間有工作以外的交流。

另外喜歡「偶爾會強迫部屬工作，但工作以外也很照顧人的課長」，更勝於「雖然不會強迫部屬工作，但工作以外就不理人的課長」的人，以20～29歲的人來看，2003年為72%，2008年為76%，2013年為73%，顯示絕大多數年輕人，都喜歡有人情味的主管。而且**不只是年輕人，絕大多數其他年齡層的受訪者，也都喜歡有人情味的主管**。

由這些資料可知，現今年輕人，雖然很不希望自己捲入麻煩的人際關係，但這並不表示他們不想和人產生關聯，**他們反而十分希望別人關注自己**。

我想這個趨勢，和他們是讚美式教育世代有關。因為一路

走來，他們都靠著別人的讚美激勵自己，提升鬥志，這也表示別人讓他們產生積極正向的心情，才能讓他們維持拚勁。唯有周圍的人注意到他們，對他們投以善意的眼神，他們才會提起拚勁。

　　所以主管必須在這個基礎上應對年輕人。

這種人越來越多

特徵 2
希望和主管有工作以外的交流

特徵 1
希望職場有家的氛圍

特徵 3
希望主管會照顧人

出乎意料地，年輕人有強烈的「隸屬需求」

不想被捲入複雜人際關係，

卻又希望獲得關注

「尊重需求」獲得滿足後，就願意努力付出

從這個基礎來看，信賴能幹的部屬，放手把工作交給他時，告訴他我很放心把工作交給你、我很信賴你等，就變得十分重要。這些話可以滿足部屬的「尊重需求」，孤獨感也就無從出現。

此外，從前面提到的意識調查結果，絕大多數年輕人喜歡「偶爾會強迫部屬工作，但工作以外也很照顧人的主管」來看，只要滿足年輕人的「尊重需求」，就算有一點勉強，還是可以期待他們努力。

由此可知，年輕人不想積極跟隨會給必要指示，但沒有心靈交流的主管，所以情緒性溝通（見第 26 節）可說至關重要。

現今的職場隨著 IT 普及，員工們都默默坐在辦公桌前瞪著電腦，幾乎沒有對話，情緒面來看非常不人性。

在這種職場環境下，主管必須找機會，親口把自己的想法告訴部屬，否則部屬不會知道主管的想法。這和過去在和睦的閒聊中，溝通彼此心情的時代完全不同。

特別是必要溝通都忙不過來的時候，主管的時間可能全被不會做事的部屬占據，就會疏於滿足能幹的部屬的「隸屬需求」。這樣不只部屬很可憐，對公司來說也是很大的損失。

因此關鍵就在於，要滿足部屬的「隸屬需求」和「尊重需

求」，記得要親口告訴他們「我有注意到你」、「我知道你很
努力」。

38

為什麼人有時會做出
不明智的決定？

▶ 確認偏誤

Question

每次看到新聞報導企業的失敗事例，
我總會覺得那家公司怎會做出如此
輕率的判斷？想也知道一定會很慘，
如果是我絕不會這樣做。這中間是不
是有讓人做出奇怪判斷的心理因素作
祟？

　　每每看到企業的醜聞或被詐騙的報導，大家都覺得他們怎麼會做出這種蠢事。一定有很多人看到企業醜聞時，覺得很不可思議，他們怎麼會覺得，這樣做不會被人發現？如果看到被簡單手法詐騙的公司，也會覺得他們做出判斷時，為什麼不能再謹慎一點？

　　因為站在第三者的角度看，才能用冷靜的態度判斷。事情發生的當下，當事人好像都失去冷靜了。

　　我想捲入醜聞的人或是被詐騙損失慘重的人，過去一定也不覺得自己會做出那麼草率的判斷。可是一旦事情發生在自己身上，有時就會少了慎重，做出很蠢的判斷。為了避免自己陷入這種窘境，我們必須先了解背後的心理機制。

　　知道陷入這種窘境的心理機制，就可以大幅降低做出錯誤判斷的機率。

人們有忽視對自己不利資訊的傾向

　　擬定經營策略時，回頭檢討十分重要的案件，有時會覺得很不可思議，當時為什麼沒有發現這個問題，導致做出錯誤判斷呢？

　　舉例來說，明明財報就清楚地顯示，現在這個時間點，沒

有多餘的資金可以拓展事業，但卻沒人注意到，反而執行大膽的擴張計畫，慘遭滑鐵盧。或者是對於主動來談生意的對手，仔細蒐集資訊應該就知道有異常，但不知為何卻沒有仔細蒐集資訊，最後失敗作收。這都是偶爾會發生的事例。

因此大家要先知道，**人類心理傾向於，建立自己覺得舒適的資訊環境。**具體來說，就是忽略對自己有威脅或不利的資訊，只選擇性地接受，對自己有利資訊的認知傾向。

心理學家范士庭（L. Festinger）的「認知失調」（cognitive dissonance）已經證實這一點。例如，要買新車時猶豫很久，不知該買 T 公司的 A 好，還是 N 公司的 B 好，最後終於決定買 A。H 公司的 C 原本也有列入考慮，但中途放棄了，最後只從 A 和 B 之間去選。

以購買新車不到一個月的人為對象，進行關於汽車廣告的認知度調查，結果證實了，新車購買者會控制資訊的接收，為自己建立一個舒適的資訊環境。

調查前先掌握受訪者常看的報章雜誌，請他們把最近一個月的報章雜誌帶來，然由主持人指出 A、B、C 的廣告，問受訪者「有沒有發現這個廣告？」結果對於留到最後的選項 A、B 的廣告，受訪者大都有發現。可能是因為他們有「買了 A 果然是對的」、「B 會不會比較好啊」等想法，十分注意 A、B 的消息。但對於 C 的廣告就不太注意，常常就直接忽略了。

　　主持人進一步詢問受訪者，對於他們表示有發現的廣告，「是否有看內容？」結果發現了一個有趣的趨勢。只要發現有 A 的廣告，受訪者幾乎都會看。C 的廣告雖然常被忽略，但只要受訪者有發現，某種程度也有看。

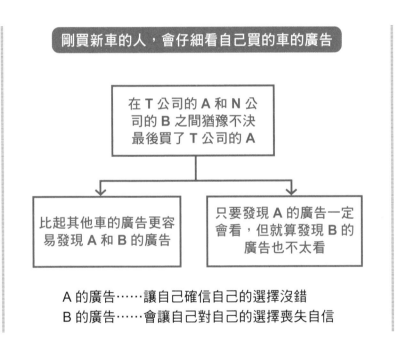

剛買新車的人，會仔細看自己買的車的廣告

在 T 公司的 A 和 N 公司的 B 之間猶豫不決最後買了 T 公司的 A

比起其他車的廣告更容易發現 A 和 B 的廣告

只要發現 A 的廣告一定會看，但就算發現 B 的廣告也不太看

A 的廣告⋯⋯讓自己確信自己的選擇沒錯
B 的廣告⋯⋯會讓自己對自己的選擇喪失自信

　　可是受訪者雖然常發現 B 的廣告，卻不太看內容。
　　這就反映出，一個人會積極吸收對自己有利的資訊，排除對自己不利的資訊的心態。

　　廣告一定都說優點，越看自己買的 A 車廣告，越覺得自己選得好，可以讓自己安心。可是看到留到最後卻沒選的 B 車廣告，腦海裡會閃過「說不定選那台車比較好」的想法，心情變得不平靜。所以受訪者才會積極地看 A 的廣告，盡量忽略 B 的廣告。

　　我們其實下意識地取捨資訊。

意識到確認偏誤，可以預防做出錯誤判斷

　　我們能輕易地發現，可佐證自己想法的資訊，卻常忽略矛盾的證據資訊，這種認知的毛病就稱為「確認偏誤」（Confirmation Bias）。

　　因為「確認偏誤」作祟，自己要提案時就算手邊有行銷或財務資料，告訴自己這樣做有危險，自己也不會認真參考這些資料，甚至選擇遺忘這些資料的存在。然後因為只看對自己有利的資訊，做出無視風險的判斷，偶爾還是致命的錯誤判斷。

　　為了預防這種錯誤判斷，大家必須一直提醒自己這種只看有利自己的資訊，忽略不利自己的資訊的現象。這樣才能發現自己的認知偏誤，讓自己去注意所有資訊。

什麼是「確認偏誤」？

能輕易地發現可佐證自己想法的資訊……

卻常忽略矛盾資訊的
認知毛病！

39

追求達標與團隊和諧，
如何取得平衡？

▸ **PM 理論**

Ｑuestion

我要帶領一個專案團隊。不同於過去
只要聽從主管或前輩指示就好，現在
我必須發揮領導力。可是在學時我也
沒擔任過社團的社長，一點自信也沒
有。請告訴我要發揮領導力必須注意
些什麼？

　　以前只要聽從主管或前輩指示即可，現在自己要帶人了，任何人在這個階段都會緊張、徬徨。為了讓緊張感發揮正面效果，好像也應該認真學習領導力。

　　我想大家的職涯中應該接觸過各式各樣的領導人。有些領導人值得信賴，有些則否；有些人能力很強，但就是不會帶人，也有人看來好像不是特別聰明，卻很擅長掌握大家的心情。

　　自己想成為什麼樣的領導人當然很重要，但在那之前，**必須確實掌握領導人的基本任務。**

　　接下來就一邊參考心理學的領導理論，一邊看看領導人應該具備哪些任務吧。

PM 是領導人的 2 大基本任務

　　有關領導力的心理學研究很多，從中浮現的共通要素就是領導力的 2 大功能。

　　這 2 大功能就是立志執行課題，達成目標的功能，與立志於團隊成員之間人際關係的功能。許多研究都試圖從這兩個角度切入，以掌握領導力，其中最具代表性的研究之一，就是三隅二不二教授提倡的 PM 理論。

　　PM 理論的 P 就是 Performance（表現）的 P，指的是在團

隊中促使大家達成目標，和解決課題的領導人功能，也就是目標達成功能。

而 M 則是 Maintenance（維持）的 M，指的是促進團結的領導人功能，也就是團隊維持功能。

我們用下頁表來表示，領導人應有的 P 功能和 M 功能，具體而言應有什麼行動。已經身為領導人的人，可以看表檢查一下自己是否做到各項目。之後必須發揮領導力的人，則可以一邊檢查現在的自己是否做得到，一邊針對這些項目，預先做好準備。

兼顧目標達成與團隊和諧

根據這 2 種功能的強弱，可以將領導力分成 4 種不同的風格類型，也就是目標達成功能和團隊維持功能都很強大的 PM 型、只有強大的目標達成功能的 Pm 型、只有強大的團隊維持功能的 pM 型、兩種功能都很弱的 pm 型。

三隅教授針對不同公司的中階幹部，調查了領導人風格與生產力之間的關係。結果證實 PM 型領導人最有效。

從這些研究結果可知，**最理想的領導人是兼具強大的目標達成功能和團隊維持功能的領導人，但這種領導人為數不多。**

　　雖說都是領導人，但每個人都有不同的性格特徵，和擅長的能力。有些人雖然目標達成功能很強，可以硬拖著大家前進，但卻不擅長洞察別人的心情，團隊維持功能略顯遜色。當然也有人完全相反，每個人都有自己的個性。

　　因此請根據自己的性格，和能力的強弱，再回顧一下自己由求學至今的傾向，檢查下表中各個項目吧。檢查時也試著區分自己已經做得到的事、今後只要有心就做得到的事、可能不容易做到的事。

　　回顧省思自己的狀況，具體自覺到必要的任務，應該有助於大幅提升領導力。

目標達成功能（P）應有的行動

1. 提出明確的目標，並讓部屬意識到目標的存在

2. 擬定達成目標的計畫

3. 決定部門單位方針，並徹底落實

4. 提出達成目標的具體方法，並讓部屬確實理解

5. 分派任務給部屬，明確化每個人的任務分攤

6. 促進部屬開始行動、執行任務

7. 掌握每位部屬的工作進度

8. 指出過程中發生的問題,並提出因應建議

9. 擔負起資訊來源、建言者的任務角色,努力學習專業
知識與技能

10. 正確掌握並評價每位部屬的成果

　　不過現實中,雖然每個人都有不擅長的事,但也不能因此放棄不擅長的任務。

　　所以現實中,也必須要有一些分攤方式,來達成目標和維持團隊,如讓副手補足領導人不擅長的部分等。

團隊維持功能（M）應有的行動

1. 用心建立,並維持舒適且友好的氛圍

2. 促進部屬互相交流

3. 促進部屬互相交換資訊

4. 用心給少數派發言的機會

5. 內部失和時扮演仲裁者

6. 適當處置攪亂團隊和諧的部屬

7. 尊重每位部屬的意見，讓部屬有自主性、當事人意識

8. 顧慮每位部屬的心情，傾聽他們的不平、不滿

9. 傾聽部屬的煩惱或迷惘

10. 必要時代表部門，和其他部門的人協商

40

如何帶領公司前進
不同階段？

▸ **領導力的生命週期理論**

Question

創業時我覺得自己發揮了良好的領導
力，可是最近組織好像越來越鬆散
了，而且聽到很多人抱怨，讓我開始
擔心自己身為經營者的能力。可以告
訴我順利帶領公司前進的訣竅嗎？

　　經營者必須克服各式各樣的不安，努力向前。途中可能有時也會懷疑自己的領導能力。不過，這是每個人都會遭遇到的考驗。

　　創業當時明明一切順利，等到事業步上軌道穩定下來後，員工的抱怨卻越來越多，職場氛圍也變得險惡，這種情形甚實還滿常見的。

　　原因之一就是因為創業時前途未卜，也就是還處於危機狀況中，所以大家必須眾志成城向前邁進。這種狀況下根本沒有讓人不滿、內部鬥爭的空間。可是**當事業步上軌道，每位成員開始有餘力想到自己後，那些未獲得滿足的需求，就容易浮上檯面了。**

　　另一個原因則和領導力有關。成功的創業人士，都是可以拖著大家前進的人，換個角度來說，也就是具有某種專斷獨行的性格，否則根本不可能開創新事業。可是**等到事業步上軌道穩定下來後，員工就不再盲目地跟隨領導人前進了。到了這個階段，領導人必須改變領導風格。**如果沒有發現這一點，還是跟過去一樣想強制大家跟著自己，只會讓員工心生不滿。

領導力也有生命週期

人生有青年期、成人前期、成人後期（中年期）、老年期等生命週期，每個階段都必須改變自己生活的方式。同理可證，領導力也有生命週期，每個階段都必須採取，適合該階段的領導風格。

我們可以參考心理學家赫西（P.Hershey）和布蘭查德（K.Blanchard）提倡的「領導生命週期理論」（Life Cycle Theory of Leadership）。這個理論認為領導人應隨著部屬的成熟度增加，選擇不同的領導風格。理論將成熟度分成 4 個階段，並提出每個階段適用的領導風格。

在部屬成熟度低，也就是**團隊成熟度低的第 1 階段（S1），以指導式行為為主的「命令型領導」較為有效**。這個階段如果完全交給部屬自主行動，或尊重部屬判斷，不但不能提升士氣，反而可能造成混亂。

等到部屬稍微成熟的第 2 階段，雖然仍以指導式行為為主，但顧慮到部屬心情的「說服型領導」更為合適。這個階段不是大家都很成熟，所以還必須仔細指導部屬行動，但如果讓部屬興起，只要照做就好的被強迫感，可能影響他們的士氣，所以指導時要說明，為什麼應該這麼做，說服部屬照著指示辦事，這一點是關鍵。

　　等到團隊更為成熟的第 3 階段，部屬的工作能力已經有一定的水準，就要減少指導性行為，某種程度交給部屬自主行動，重視提升部屬士氣的「參與型領導」較為合適。部屬們對工作也有一定的嫻熟度，自主性獲得尊重不會讓他們心生猶豫，反而會讓他們產生滿足感，能更有拚勁地面對工作。

　　到了最後的第 4 階段，因為團隊已經很成熟，可以充分發揮功能，所以尊重部屬的自主性和自律性，讓他們有更多自行判斷空間的「授權型領導」最為合宜。對工作已經很熟練的部屬們，因為獲得授權，拚勁自然提升，可期待他們進一步大展身手。

切換領導力的彈性

　　這個領導生命週期理論，前提是能配合部屬的能力狀態，彈性切換自己領導風格的領導人，會把團隊帶向成功。

　　當團隊成熟度低時，必須提出明確的方向與指示，以指導性行為為主，也就是要發揮強而有力的目標達成功能（P 功能）。為了達成目標，強力訴求自己的願景，即使帶點強迫性，也要拉著大家一起前進的領導風格極為有效。不這麼做團隊就無法產生前進的動力。這個階段如果尊重部屬的自主性，

不好意思下指示，每個成員的任務角色就會模糊不清，無法發揮團隊功能，無法期待團隊成功。

　　然而順利度過這個階段之後，如果還用同一套領導風格，這下子可能就會走入死胡同。當事業某種程度已步上軌道時，領導人就必須適度放寬束縛，適度授權，讓每個成員各自負責，促進他們萌生自覺和自主性，以提高士氣。

　　等到工作上手了，每個人都希望照自己的想法行動。老像個機器人，一個口令一個動作，讓人提不起勁，團隊能力也無法聚焦。

　　因此領導人必須有能力根據這些狀況，彈性切換自己的領導風格。

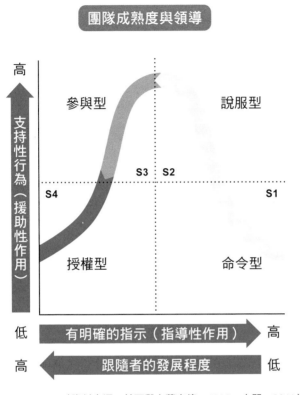

（資料來源：赫西與布蘭查德，1982、本間，2011）

41

哪一種領導風格，
適合變動的環境？

▶ 轉換型領導

Ｑuestion

現今是劇變的時代。因為飛躍性的技
術革新，讓產業結構和人們的生活
型態出現翻天覆地的改變。聽人家說
在這種時代，過去的領導力已經沒用
了。要順利度過未來的驚濤駭浪，到
底要留意什麼樣的領導力呢？

現今的技術革新速度超乎想像，為我們的生活帶來劇變。當然企業活動也面臨巨變。

這種狀況下，必須帶領組織前進的領導人，每天一定都傷透腦筋。大家都在說過去的領導力已經不再適用、領導力也必須變革等，雖然我也覺得不改變不行，但卻找不到方向，不知道如何改變自己才好。我想這是很多人的心聲吧。

因此這裡要思考的，是適合劇變時代的領導力型態。這種領導力型態稱為「轉換型領導」，現在是職場心理學中熱門的研究主題。

驟變的時代，需要「轉換型領導力」

在變動劇烈前景不明的時代，「轉換型領導」益漸重要。

產業結構穩定的時代，組織的目標方向清楚，部門應執行的工作也很明確，因此可以順利執行日常業務的「業務處理型」領導力扮演著重要角色。

然而隨著看不到盡頭的技術革新，人類的生活型態和產業結構，都出現翻天覆地的變化，組織的目標方向也時刻變動中，「業務處理型」領導力不再適合這樣的時代。因為主管除了敦促部屬執行被交付的任務，也必須不斷地重新檢視，應該

給部屬什麼課題。

　　這種時代需要的是「轉換型領導」。如果傳統領導力是要推動部屬朝目標前進，轉換型領導就是不斷地檢討，應把目標設在哪裡，並彈性修正目標設定，以朝向最佳目標前進。

　　要發揮「轉換型領導力」，就必須有如下表所示的觀點。

　　如果不能讓每一位部屬都具備變革性觀點，光只有領導人有變革性觀點，今後組織也無法發展。受限於組織內的人際關係，只會悠遊在公司內部求生的人材，在變化和緩組織仍可存活的時代，還有一些用處，但在變動中的時代，如果組織裡充斥著這種人才，組織也很難存活下去。

「轉換型領導」應有的觀點

1. 不只關心組織內部，還關心組織周遭的環境

2. 關心技術革新帶來的需求的變化

3. 擁有組織發展所需方向的願景

4. 不受習慣束縛，關心組織發展必要的變革

5. 組織內的人際關係固然重要，決策仍須將眼光放遠

　　所以**轉換型領導人，必須對部屬強調變化的必要性，促使
部屬把眼光朝向組織以外**。讓部屬們實際感受到，若只顧著自
己在組織內的升遷，組織本身的存續會有危險，敦促部屬工作
時要更有危機意識。因此領導人也必須提出自己的願景，刺激
部屬。**轉換型領導人也必須，敏銳察覺組織外的變動**，這一點
自是不在話下。

　　為了組織的存續與發展，也必須不受習慣束縛，推動組織
變革。此時一定會有許多利益衝突，為了排除萬難順利前行，
除了提出明確的願景外，同時也必須動之以情，以不做不行為
訴求。

熱情與魄力造就領袖魅力

　　**人類有討厭變化的保守面，因此推動組織變革時，必須大
力撼動員工的心**。如果缺乏為了組織和員工的將來，真心迎向
組織變革的熱情和魄力，不論說什麼也打動不了員工的心。

　　從這一點來看，轉換型領導必須有無與倫比的決心。

　　美國心理學家貝斯（**B.M. Bass**）指出，**轉換型領導的 4
大構成要素，分別為領袖魅力、鼓舞士氣、智能激勵、個別化
關係**。

其中最重要的要素就是領袖魅力。聽到領袖魅力，有人可能會覺得那是一種天賦才能，跟自己無緣。但領袖魅力其實並非天賦才能。為了組織發展，為了員工，甚至是為了社會，必須讓事業朝這個方向發展，而要執行這一點，組織就必須如此變革，只要充滿熱情與魄力持續訴求這樣的願景，這個人發言時的態度自然就會帶有領袖魅力。只要有領袖魅力，轉換型領導就能有效發揮功能。

但我們也必須知道，只重視變革必要性也會帶來弊端。因為只關注團隊，維持無法因應社會變化，轉換型領導的必要性因此浮上檯面，但如果疏忽團隊維持功能，團隊就無法發揮。這也是心理學家俄莫利（B. J. Avolio）提倡全方位領導的緣由。這種領導可謂結合了統整團隊的領導與轉換型領導。

「轉換型領導」的構成要素

1. **領袖魅力**
   具有受部屬敬愛憧憬、吸引人的魅力

2. **鼓舞士氣**
   能引導出部屬的拚勁

3. **智能激勵**
   能促進部屬的能力開發

4. **個別化關係**
   考量到每位部屬的目標與心情，提供適當支援

42

如何讓缺乏拚勁的員工，提升表現？

▶ 畢馬龍效應

Question

對於做事態度隨便或完全沒有衝勁的員工，主管總忍不住對他們說教。可是我聽說這樣做反而常帶來反效果。到底該怎麼做，才能讓無所謂的員工拿出拚勁來呢？

　　每個職場，都有完全沒有衝勁的員工。身為經營者或管理階層，當然不能放著不管。可是**如果是靠說教，叫他「拿出拚勁來！」他就會興起「我要努力！」想法的人，不用說教也早就拿出拚勁來了。**

　　我不覺得對這種沒有拚勁的人說教有用。這種人還是學生時，可能讀書和參加社團活動都拿不出好成績，常被周遭的人認為「他不行啦」、「他不會努力的」，久而久之他自己也覺得「反正我努力也做不到」、「反正我就是一個不會努力的人」，因而自我放棄。或是曾經埋頭苦幹做出一番成果，卻覺得很空虛。

　　不管是什麼理由，對這種意志消沉的人說教，只會讓他覺得「反正我就是沒用的人」而更快放棄。那該怎麼辦呢？

　　不妨試試期待的效果。**每個人都想呼應對方的期待。**

人們會朝他人期待的方向改變

　　期待的效果又稱為「畢馬龍效應」（Pygmalion Effect），在心理學的世界廣為人知。在職場，受主管或周遭的人期待所帶來的效果，應該也很大。

　　所謂「畢馬龍效應」，指的就是對方朝著期待的方向

改變。這原本是美國心理學家羅伯特・羅森塔爾（Robert Rosenthal）等人，以小學為背景進行的實驗，讓老師們深信「這群學生很聰明，成績一定越來越好」，學生們感受到老師們的期待，也真的進步得比其他學生快，心理學家把這個實驗成果稱為「畢馬龍效應」。

或許有人覺得聰明的學生成績好，這不是理所當然的結果嗎？其實這群學生只不過是隨機選出的一群人，和他們的智商高低無關。即使如此，因為老師們深信他們很聰明，在老師們的期待之下，學生們也真的進步了。由這個實驗的結果就可以知道希望一個人成長，期待可以發揮多大的效果了。

現在許多企業也開始將「畢馬龍效應」應用士氣管理上。

例如，某企業實驗將業績優秀和普通的業務員分成兩組，各由不同的主管帶領。而且業績普通組的主管一直給他們信心，說他們的潛力遠勝過業績優秀組，叫他們要努力。結果業績普通組的業績出現顯著成長。

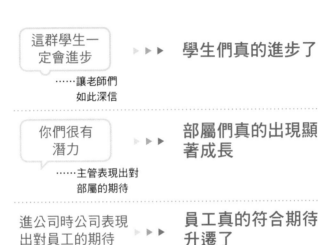

另一家企業的實驗，調查了進公司第一年是否受公司期待，和 5 年後升遷之間的關係。結果發現兩者之間密切相關。也就是說一開始就受到公司重視的人，之後升遷也較快。

從這些實驗結果可知，**如果希望員工努力，就要表現出對他們的期待，這一點很重要。**

對於沒拚勁的員工，不要透露出負面期待

不過大家請記住，期待有正面期待和負面期待兩種。

在學時，有人可能聽其他學生說過，「反正我就是笨啊。老師也覺得我是笨蛋」，或者有學生被老師罵「又是你！你真是無藥可救了」，結果學生回嘴「反正我就是壞小孩，那不剛好嗎？我就壞給你看！」等。

這些都可以看成是回應負面期待的例子。也就是說，大家認為是後段班的學生，好像為了不讓大家失望而不念書，成績老是吊車尾。大家認為是壞學生的孩子，則為了不讓大家失望，一直做些會讓老師罵的壞事。人有這樣的心理機制。

所以重要的是**對於沒拚勁的員工，小心不要露出負面期待**。如果讓他感受到「反正你就是覺得我沒拚勁」，他就會更沒拚勁。

而且還要抱持著正面期待。「畢馬龍效應」的實驗已經證實這種心理機制，也就是當老師覺得「這個學生一定會進步」時，老師的一言一行就會透露出這種期待，學生接收到這種期待後，士氣因此逐步高漲。工作場合也一樣，只要期待「這個員工一定會拿出拚勁來努力」，這種期待自然會透過隻字片語或表情態度傳達出去，員工接收到這種期待，也會燃起鬥志。

小心別透露出負面期待

負面期待　　　　　　　回應負面期待

這傢伙反正就是跟不上　▶　反正我就是跟不上

他真是沒拚勁　▶　反正大家都覺得我沒拚勁

這是沒用的傢伙　▶　反正沒人期待我

　　　　　　　　　　→ 工作時隨隨便便

正面期待　　　　　　　回應正面期待

他應該會認真努力　▶　他好像對我很期待

　　　　　　　　　　→ 我要努力提升自己實力

第 5 章

提升業績的
「行銷心理學」

43

為什麼平常節儉的人，
有時也出手大方？

▶ 心理性錢包、心理帳戶

Q uestion

出去旅行時，有時平常很節儉的人也
會亂買。公司聚餐時連 1,000 元都捨
不得出的人，為了自己的興趣和知識
品味，竟然捨得付出近萬元。我該如
何理解這種消費者的心理呢？

　　我想很多人都有經驗，就是出去旅行時花錢特別爽快。平常吃頓飯要 600 元就覺得很貴，一餐只花不到 300 元的人，去旅行時竟很自然地點 1,000 元的餐點也不心疼。

　　不只是旅行，遇到像生日等紀念日時，平常吃得很節儉的人也會去吃豪華大餐。

　　或者是和同事聚餐時，連出 1,000 元都覺得很浪費的人，一個人去吃飯時，竟然毫不遲疑地走進低消 1,500 元的店。

　　同一個人，因為狀況不同，花錢的態度也不同。

　　而且每個人都有自己花錢的習慣。

　　例如，有人為了省錢，中午只捨得吃超商便當，從不跟同事一起去店裡吃套餐，但看到喜歡的衣服，卻捨得花大錢。

　　要理解這種消費行為背後的心理機制，就要先了解「心理錢包」和「心理帳戶」的想法。

心理錢包的項目與金額，因人而異

　　為了理解上述的消費者心理，心理學家小嶋外弘提出心理性錢包的概念。也就是一個人手上可能只有一個物理性錢包，但心中卻可以有好幾個錢包，那就是小嶋所謂的心理性錢包。

　　一樣金額的花費，從不同的心理性錢包支出，有的錢包

會讓人覺得很貴很「心痛」，有的錢包則讓人覺得可以接受很「滿足」。

　　例如，約會時就算花 3,000 元吃飯，也覺得很滿足，但如果是公司同事聚餐，才花 1,500 元就覺得心痛。一開始提到的例子也一樣，旅行時一餐花 1,000 元可以接受，覺得很滿足，但平常吃飯花個 300 元，就覺得好貴、好心痛。

　　因為**每個人都會視狀況，使用不同的心理性錢包，所以就算金額相同，也會有滿足或心痛等不同感受。**

心理性錢包示例

從約會用的錢包拿出 3,000 元也不心痛	可是……	從公司應酬用的錢包拿出 1,500 元聚餐就覺得心痛
從旅行用的錢包拿出 1,000 元的餐費不心痛	可是……	從平常外食用的錢包拿出 300 元就覺得心痛

　　一樣是日常花費，從外食用錢包拿出 600 元就覺得心痛，可是從文化、知識品味的錢包拿出 1,000 元，反而覺得可以接受而且很滿足。外食還可以再細分，從咖啡廳用錢包拿出 250 元很心痛，但從晚餐用錢包拿出 300 元都還可以接受。讓人心痛的金額，會因狀況、因商品與服務而不同。這是因為錢的出

處亦即心理性錢包不同。

　　甚至每個人的心理性錢包種類和可支付金額也不同。

　　因為沒錢而節省午餐費，可是卻捨得花大錢在自我成長書籍和課程上。每個月花不少錢買衣服的人，偶爾去泡個溫泉，卻捨不得出住宿費。也有為了追星，花 3,000 元買演唱會門票也不嫌貴的人，聚餐花 1,500 元就心痛不已。

　　這種傾向因人而異，所以區隔市場（見第 47 節），了解**每個區隔的消費者，通常有什麼樣的心理性錢包，以及每個錢包多少花費會讓他們心痛**，在行銷學來說至關重要。

每個人心中都有一套會計系統

　　心理學家阿莫斯・特沃斯基（Amos Tversky）和丹尼爾・康納曼（Daniel Kahneman）提出的「心理帳戶」（Mental Accounting）概念，和心理性錢包很類似。這是表示每個人心中都有一套會計系統。

　　他們設定 2 個條件，比較買電影票的人的比例（參下表）。調查對象 383 名，200 名是條件 1 組，183 名是條件 2 組。結果條件 2 組有 88% 的人回答要買電影票，但條件 1 組卻只有 46%。2 組相差近 2 倍。

　　針對這個差異，心理學家用心理帳戶的概念來解釋。

　　條件 1 是再次購買之前已經買過的電影票。**此時必須從購票用心理性帳戶再買一次票，也就是從同一個心理性帳戶買兩次票，伴隨著心痛的感覺，因此心理上會排斥再次購票。**

　　相對地條件 2 則是現金和購票的錢分別位於不同的心理性帳戶，所以不會產生買兩次票的心痛感受，對購票就不會產生心理排斥。

　　從心理性錢包或心理帳戶的想法切入，就可以了解一般消費者的消費傾向。再根據消費者的支出傾向差異，整理出幾種類型，就可以知道每種類型的消費傾向。這種消費傾向就是擬定行銷策略時的關鍵參考資料。

消費行為受心理因素影響

條件 1　票弄丟了

你用 10 美元買了某場電影的電影票，可是要進電影院時，才發現票弄丟了。你會再買一次票嗎？

會再買一次票的人……　**46**%

條件 2　錢掉了

你想看某部電影，於是去了電影院打算買一張 10 美元的票，卻發現掉了 10 美元。你會買票嗎？

會買票的人……　**88**%

44

如何發掘消費者的需求？

▶ **多元屬性態度模式**

Question

有些人租房子時對房租斤斤計較，也
有人在意的是面積大小、格局或屋
齡，還有人在意離車站近不近。有沒
有一個好方法，可以巧妙彙整每個人
的需求，推薦一個最好的房子呢？

　　要提供消費者買單的商品或服務，就必須先知道消費者要的是什麼。

　　在物質貧乏時代，只要提供日常生活中必要或便利的商品，自然會暢銷。提供性能優良的產品也自然賣得出去，所以當時大家關注的重點就是提升製造技術。

　　然而等到物質豐足，所有商品市場都已進入成熟期後，做出好東西一定會賣的邏輯不再適用，必須發掘消費者的需求。所以行銷才越來越重要。

　　行銷也隨著時代演進，而有了不同的樣貌。過去物質貧乏時，行銷重點在於人們的生活中還缺少什麼？什麼樣的商品能讓人們的生活更便利？這些問題是思考的主軸。但隨著物質越來越豐足，人們的生活充滿便利性和舒適性後，行銷方式也被迫改變。在這樣的潮流下，規定消費者行為的心理因素，就成為當紅的研究主題。

　　購買動機研究也是其一。

人們會逐步滿足自身的需求

　　購買動機研究試圖找出，人會為了滿足什麼樣的需求而購買特定商品？因為在意什麼而買或不買？

　　發掘購買動機時，常會提到心理學家亞伯拉罕・馬斯洛（Abraham Maslow）的「需求層次理論」。馬斯洛認為人有4種基本需求，而且需求以層級的形式出現，越下層是越基本的需求，也是應該優先被滿足的需求。等到下層需求獲得一定程度滿足後，就會希望滿足再上一層的需求。等到4種基本需求都獲得一定程度滿足後，人類就會為了自我實現需求而行動。

　　例如，想要吃飽、穿暖、有地方住，就相當於生理需求和安全需求，等到這兩種需求獲得滿足後，人就會為了更上一層的需求而行動。選衣服時也開始會意識到，是否能融入同儕（隸屬需求），希望別人覺得自己「很帥」、「很漂亮」（尊重需求）。選擇和同儕穿一樣牌子的衣服，可說是「隸屬需求」作祟，穿精品服飾則可說是「尊重需求」所祟的結果。等到這些需求也獲得一定程度的滿足後，接著人就會開始追求自我實現，容易受「像自己」或「有個性」等訴求訊息左右。

馬斯洛的「需求層次理論」

自我實現需求

尊嚴需求（尊重與自尊需求）

社交需求（愛與隸屬需求）

安全需求

生理需求

自我實現需求

實現自己潛在能力的需求，也就是希望有更進一步成長的需求

尊嚴需求（尊重與自尊需求）

希望受人尊重、得到好評的需求，而且希望有自尊心的需求

社交需求（愛與隸屬需求）

希望有密友、戀人或另一半，追求隸屬於某個集團的需求

安全需求

原指追求人身安全和生活安定的需求，也包含希望免於恐懼不安的需求、追求秩序避免混亂的需求等

生理需求

避免饑餓食慾、解渴等水分補充的需求、消除疲勞等休養及睡眠的需求等，主要指的是維繫生命不可或缺的需求，也包含性慾、刺激、活動等需求

消費者的購買決策模式

心理學家馬丁・費雪賓（Martin Fishbein）提倡多元屬性態度模式，也就是一個人是否選擇某標的的態度，可以用多元屬性的重要程度，與各標的（如房子）是否滿足各屬性（如面積大小、格局或房租等條件）價值之間的信念函數來表示。

根據多元屬性態度模式，消費者的決策是根據「各屬性評價×信念」的合計結果決定。各屬性評價簡單來說，就是指一個人有多重視各條件。而信念指的則是一個人認為各選項有多滿足各條件的想法。

舉例來說，租房找房子時，一般人會考慮面積大小、格局、房租有多便宜、離最近的車站有多遠、當地氛圍、購物方便性等因素。假設某人腦中認為這些因素的重要程度，分別為面積大小、格局為「3」、房租有多便宜為「3」、距最近車站的距離為「2」、當地氛圍「2」、購物方便性為「1」。

A、B、C 三個房子有關這 4 個屬性（條件）的評價如下表所示。

對於 A 房子，某人對於面積大小、格局給出「5」的高評價，對房租有多便宜則給出相當低的評價「1」。這應該是因為房子大房租相對就貴吧。

對於 B 房子某人對房租有多便宜給出「4」的相對高評

價，但給其他條件的評價都是「3」。

　　對於 C 房子則對面積大小、格局、距最近車站的距離、購物方便性這 3 個條件給出「4」的相對高評價，剩下 2 個條件的評價都是「3」。

　　到此為止都是針對房子本身客觀條件的評價。但挑房子時不是只看客觀條件就可以決定。有人很重視面積大小，也有人很在意房租便宜與否。還有人最重視距車站近不近，當然也有人重視當地氛圍，有人在意購物方便性，還有人什麼都無所謂。

　　因此表最上方一列的重要程度就很有意義了。以表中的例子來看，這個人找房子時重視面積大小、格局和房租，其他條件則沒那麼重視，甚至覺得購物方便性無所謂。總合評價則是將每個條件的重要程度和評價相乘，然後加總，結果得出最適合這個人的房子是 C。

多元屬性態度模式計算例

	面積大小、格局	房租有多便宜	距最近車站的距離	當地氛圍	購物方便性	綜合評價
重要程度	3	3	2	2	1	
A 房子	5	1	3	4	4	36
B 房子	3	4	3	2	3	34
C 房子	4	3	4	3	4	39

物件A ＝ 3×5＋3×1＋2×3＋2×4＋1×4＝ 36
物件B ＝ 3×3＋3×4＋2×3＋2×2＋1×3＝ 34
物件C ＝ 3×4＋3×3＋2×4＋2×3＋1×4＝ 39

45

如何讓人想立刻得到手？

▶ 高估現狀的偏誤

Q uestion

有個急性子的客人曾跟我說貴一點也
沒關係，叫我當成急件處理，可是那
件事其實根本沒有急的必要。那位客
人到底是什麼心理呢？

做生意的人偶爾會提到，有些消費者就是不願等待，一說要等就會坐立難安。

世上的確有急性子的人。餐廳偶爾會看到比自己還晚進店的客人，明明自己這桌的菜也都還沒上，就一直催店家「點完菜都這麼久了，菜怎麼還不上？」只要觀察四周就知道比自己還早進店的客人也都還沒上菜，但這種人根本沒有餘裕這麼做，十分焦躁不安。

不過「貴一點也沒關係，我就是想快點拿到」的客人、明明沒什麼急事但就是討厭等待的客人，這些人並不一定是急性子，有時背後還有其他的心理作祟。

這種心理就是**追求眼前的滿足更甚於未來滿足的心理**。既然這種心理和消費者的購買行為有關，站在行銷的立場就不能忽視它。

無法克服誘惑，是受「僅此一次」的影響

每個人都有討厭輸給誘惑的自己，討厭沒有耐心的自己的經驗吧。

看到健檢紅字覺得自己必須減肥才行，雖然知道必須少吃甜食，但原本自己就是螞蟻人抗拒不了甜食，只要看到美味的

蛋糕和日式點心，就忍不住買下來。看到咖啡廳菜單上有美味的聖代，或日本傳統甜品餡蜜，就忍不住要點，受「就今天一天而已，沒關係吧」的想法驅使，不知不覺又吃了甜食。等到回到家冷靜下來後，又因為「我怎麼那麼沒有毅力」的想法，討厭起自己。我想不少人都脫離不了這個循環。

　　不愛吃甜食的人對前面的例子可能無感，我再舉一個例子。不提升工作力，未來會很辛苦，所以你決定回家後要讀書，自我學習，還買了許多專業書籍。想的時候拚勁十足，但等到下班回家累倒在沙發上時，就想著「就今天一天而已，沒關係吧」，於是打開電視，頻道轉來轉去殺時間，或是和朋友一起在社群上閒聊，不知不覺就到了睡覺時間，什麼都沒做。每天都這樣，實在很討厭這樣的自己。是不是覺得很熟悉呢？

「就今天一天而已，沒關係吧」的心理

案例 1　減肥中

要少吃甜食！　▶　看到美味的蛋糕和日式點心……　▶　就今天一天而已，沒關係吧！

然後就買了

案例 2　讀書自我學習

每天回家後要讀書 1 小時！　▶　回家累倒在沙發上……　▶　就今天一天而已，沒關係吧！

然後就偷懶了

　　這種人在學校應該也有過類似的經驗。雖然覺得現在不趕快努力唸書，期末考時一定會很慘，連讀書計畫都定好了，但還是輸給怠惰的心理，一直拖延，「就今天一天而已，沒關係吧」，如果有朋友約去玩，就想著「轉換心情也很重要」，然後就一起去玩了。偶爾清醒時會反省「再這樣下去不行。不好好念書的話……」但還是輸給誘惑，結果期末考真的很慘。就算沒有這麼極端，不少人應該也都有過類似經驗。

　　這種「僅此一次」的心理背後，其實就是追求眼前的滿足，更甚於未來滿足的心理作祟。

 高估現狀的認知偏誤

像這樣明明立志減肥，或為了自我成長而計畫讀書，卻敵不過眼前的誘惑，這種狀況常常出現，背後其實就潛藏著「高估現狀的偏誤」（Present Bias）。

所謂高估現狀的偏誤，指的就是高估「目前情況」的價值，而低估未來重要性的心理傾向。理智雖然知道就算痛苦「當下」也必須努力，否則未來很難過（可能有害健康、丟工作），但就是敵不過「當下」的舒適，耽於安樂。比起未來的喜悅優先選擇眼前的喜悅，比起未來的苦痛，優先避免眼前的苦痛。這是人性的一部分。

減肥計畫和讀書計畫常以失敗作收，可說就是高估現狀的偏誤作祟。因為希望現在立刻滿足需求，受這種衝動驅使，就喪失以長期觀點行動時的冷靜。

也有人老是亂花錢、等到發現沒錢時又後悔，一直在處在這種循環中。這種人就是為了滿足「當下」需求，而牲滿足未來的需求。

 活用「高估現狀偏誤」的行銷

由此我們可以看到許多行銷的機會點。

例如覺得想要「現在立刻擁有」的人很多，因此認為消費者喜歡品質稍差一點，但能立刻取得的商品和服務，更勝於花時間等待。所以有時看到「立刻寄出」、「短時間內為你解決」的訊息，就算貴一點還是會想下單。

或者是比起未來痛苦，更會避免「當下」痛苦，所以不少人減肥失敗或讀書沒下文。**如果有人能從旁支援，不讓人被「當下」痛苦打敗，應該就可以克服高估現狀的偏誤，獲得將來的滿足。為這種支持付費，其實也很合理。**

事實上，現在還真有公司推出，幫助克服高估現狀偏誤的服務。

比較「當下」和未來

所謂「高估現狀的偏誤」

比起未來的價值

更重視「當下」價值的

心理傾向

「立刻寄出」、「短時間內為你解決」，所以成本高也無妨

如有不輸給「當下」痛苦的支援，我願意付費

46

為什麼一旦降價，
就很難恢復原價？

▶ 規避損失

Question

降價有短時間內增加營收的效果，但
一旦降價後又很難調回原本價格，所
以我也聽說綜合考量後降價衝業績，
算不上是好方法。請問這背後是消費
者的什麼心理作祟呢？

　　降價對消費者來說很有吸引力。每次打 7 折或 5 折，店裡
總是人山人海，這可說是降價吸引力最好的象徵。

　　有些店家對折扣的效果讚不絕口，但也有店家持謹慎態
度，雖然知道折扣可以衝業績，但也擔心折扣的反動力會嚴重
影響平常的業績、不打折顧客就不買。

　　生鮮食品賣場等，常常在關門前會依序打 8 折、7 折到半
價，原因就是怕剩太多商品。這種做法有減少商品剩下來，或
清空貨架的效果，這一點無庸置疑。可是如果這種做法變成慣
例，就有顧客會想既然要買，就關門前再買，在那之前都不
買。所以不少店家都很頭痛，不知到底怎麼做才好。

　　消費者都想得到好處，避免自己權益受損。我們把這種心
理和行銷連結，思考如何理解這種行為。

每個人都想規避損失

　　美國精神醫學專家羅伯特・克羅寧格（Robert Cloninger）
認為，**人的內在人格特質之一，就是「規避損失」。這是很小
心、討厭風險的人格特質，會抑制一個人的行為。**我們心中其
實有很強的「規避損失」的心理作用。

　　順利的話，翻倍甚至變三倍都有可能，但失敗的話也可能

腰斬。有人推薦這種風險很高但不保證本金的金融商品時，雖然本金可以翻倍甚至變三倍很吸引人，但一想到辛辛苦苦存的錢可能腰斬的風險，很多人就猶豫不前了。

這就是「規避損失」的心理作祟。

雖然喜歡某些商品，卻又擔心買了之後，效果不如預期而猶豫，這也很常見。這也是「規避損失」的心理作祟。

不過如果廠商說提供 30 天試用期，試用期間退貨全額退費的話，結果如何呢？這樣應該可以讓消費者放心，更容易出手購買。

只要能保證規避損失，就容易出手購買

試用期間可以取消！

保證買回金額！

「規避損失」的心理，會以各種形式抑制消費者的購買行為。消費者藉此保護自己，但換個角度來看，只要能保證「**規避損失**」，就可以促進消費者的購買行為。

人的損失感受遠大於獲利

　　諾貝爾經濟學獎得主心理學家卡尼曼（D. Kahnemen）和特夫斯基（A. Tversky）試圖以更實用的概念來掌握這種基本的人類心理，提倡「展望理論」（Prospect Theory）用來說明「規避損失」傾向。

　　這個理論被應用在行為經濟學中，因為我們重視「減少損失」更甚於「提高獲利」，因此決策時受損失感的影響遠大於獲利感。

　　兩位心理學家以下表問題為例，說明「規避損失」傾向。

　　對於問題 1，很多人為了規避損失，會選擇選項 1 以確保可以得到 900 美元。因為可以確實得到 900 美元的主觀價值，大於有 90% 的機率可以得到 1,000 美元的主觀價值。

　　然而對於問題 2，大多數人的選擇是選項 2，即使損失擴大的可能性高達 90%，還是會賭上那可規避損失的 10% 可能性。因為確實損失 900 美元的負面主觀價值，遠大於有 90% 的機率會損失 1,000 美元的負面主觀價值，所以試圖規避確定的損失。

　　對於問題 3，出現正反面的機率各半，而且可能獲得的金額（150 美元）大於可能要付出的金額（100 美元），所以賭注的期待值明顯為正，也就是可以賺到錢的機率明顯較高。即

使如此，大多數人仍不覺得這個賭注有吸引力，不願參與賭博。那是因為損失 100 美元的恐怖感，遠高於得到 150 美元的期待感。

　　根據許多類似調查的結果，卡尼曼的結論是「**損失的感受遠大於獲利**」。這種心理作用就稱為「規避損失」傾向。

規避損失心理左右購買行為

　　前面提到的金融商品例子，因為大家把本金腰斬的可能性，看得比獲利翻倍或變三倍的可能性還重，所以很難下定決心出手購買。投資股票時，看到股價突然跳水跌破成本價時，不捨得認賠出場，而是抱著股價總會回來的想法，抱股不放，結果股價一跌再跌，損失越來越大。這正是規避損失心理的最佳證明。

　　而另一個購買有試用期商品的例子，則是因為有試用期可以保證規避損失，所以才會放心購買。

　　一旦降價就很難再恢復原價，這也是因為心理上，降價帶來的獲利感，遠小於漲價（恢復原價）帶來的損失感，所以消費者會抑制購買。

調查「規避損失」傾向時使用的問題

〔問題 1〕以下兩者你選哪一個？

❶　　　　　　　**❷**

確實獲得　或　有 90% 的機率可以
900 美元　　　　　獲得 1,000 美元

〔問題 2〕以下兩者你選哪一個？

❶　　　　　　　**❷**

確實失去　或　有 90% 的機率會
900 美元　　　　　失去 1,000 美元

〔問題 3〕　有人邀你參加擲硬幣的賭博。出現反面你
　　　　　要付 100 美元，出現正面你可以得到 150
　　　　　美元。你覺得這個賭博有吸引力嗎？如果
　　　　　是你，你會參加嗎？

47

如何滿足各個
消費者的需求？

▶ 市場區隔

Question

有人告訴我，只要做得出來就賣得掉
的時代已經結束了，現在是行銷的時
代，關鍵在於如何滿足消費者需求。
為了掌握消費者需求，必須進行市場
區隔。這聽起來有點艱深難懂，我到
底該怎麼做才好？

　　物資缺乏的時代，只要做出好商品自然就會暢銷，但到了物資過剩的時代，就必須去思考如何滿足消費者需求，所以才需要行銷。

　　有一個有名的故事，正好可用來佐證，行銷中市場區隔的重要性。1908 年福特汽車，成功開發出大多數人買得起的高性能轎車，當時一炮而紅。可是好景不長，很快地競爭對手通用汽車崛起，1927 年福特被迫停產。

　　通用汽車在 1921 年就成立心理調查課，專門調查消費者需求，備齊低價到高價的各式車種，還提供各種顏色的汽車，讓消費者可以自由選擇。當時已經不是東西便宜又好就賣得掉的時代了。

　　這個故事給了我們兩個重要的觀點。

　　第一就是**不論東西再好、再便宜，無法掌握消費者心理，就不能讓多數人出手購買**。這一點證實了行銷的存在意義。

　　第二則是掌握消費者的需求和想要的東西固然重要，但**需求的排序卻因人而異**。備齊各種價格、各種顏色的汽車，就是為了因應這種個人差異。這一點則彰顯出市場區隔的重要性。

 細分市場，讓消費者有更多選擇

雖說要開發、提供可以滿足消費者需求的商品，但每個人追求的目標、價值觀都不一樣。可是如果只強調有個人差異，行銷好像又派不上用場。所以就有一種對策浮上檯面，也就是彙整某種程度的共通點，把消費者分成幾個區間，然後針對每個區間開發、提供商品。這就是市場區隔（細分市場）。

所謂市場區隔，就是為了因應消費者多樣化的需求，把目標客戶細分成幾組。細分後就可以找出每一組的需求特徵，開發合適的商品，備齊後促進消費者購買。

或者是鎖定特定一組為客層，專門開發、提供符合該客層需求的商品。

以前面的汽車為例，有些消費者極為重要顏色和形狀，但也有人重視性能。有人擔心車禍時的安全，重視車體材質，也有人只要便宜就好。所以通用汽車將消費者細分後，針對每一群消費者開發符合需求的商品，如主打帥氣外觀的轎車、主打高性能的轎車、主打安全的轎車、主打性價比的轎車等，讓消費者在市場上都找得到自己想要的車。

市場區隔的基準，依目標客群而異

　　區隔市場時，常使用年齡、性別、居住形態、家族結構等人口統計學特性，或職業、年收入、學歷等社會經濟特性。

　　舉例來說，20 ～ 29 歲的單身獨居男性，和 30 ～ 39 歲有妻子、小孩的男性，外食頻率、可使用金額、外食餐廳的選擇等當然不一樣。一樣是 30 ～ 39 歲已婚女性，上班族和家庭主婦的心理性錢包、每個錢包可使用的金額也不一樣。

市場區隔基準

人口統計學特性	→	年代、性別、居住形態、家族結構等
社會經濟特性	→	職業、年收入、學歷等

　　掌握這些差異，以開發符合各客層的商品服務為目標，提供符合消費者需求的商品服務，可期待有促進購買的效果。

 考量心理特性，更能讓消費者買單

要把市場區隔再細分下去，就是心理特性區隔。

一樣是 20 ～ 29 歲的單身獨居男性，也有不同的需求和行為模式。20 ～ 29 歲的單身獨居男性有人自己煮飯，有人不會煮，他們的外食頻率當然不同，偶爾外食的人和幾乎天天外食的人，他們選擇的餐廳種類以及一次外食的預算金額，應該也不一樣。

一樣年齡層的上班族，有人每天上咖啡廳，有人偶爾去，對他們來說去咖啡廳的用途不同，每次去的預算也不一樣。

在這些差異的基礎上，只要能某種程度地分組歸類，應該就能提供更符合需求的商品服務。

心理特性區隔也因此問世。也就是區隔市場時，除了人口統計學特性和社會經濟特性，也將興趣、關心領域、價值觀、性格、行為模式等心理學特性列入考量的作法。

物質貧乏主要購買生活必需品的時代，或許參考人口統計學特性和社會經濟特性就夠了，但到了東西過剩，重視心靈豐足的時代，心理學特性越來越重要。

運用心理特性區隔，可以明確找出，什麼樣的商品服務容易滿足需求，避免好不容易生產的商品服務，遭到埋沒。

心理特性區隔

所謂心理特性區隔

把興趣、關心領域、價值觀、性格、行為模式等心理學特性列入考量，區隔市場的做法。

藉此可以更明確掌握住消費者需求

→ 哪種價值觀的人追求什麼、通常採取什麼樣的消費行為？

→ 哪種性格的人追求什麼、通常採取什麼樣的消費行為？

48

如何建立品牌優勢？

▸ 定位

Question

自家公司的品牌和門市如果不能突顯
和競爭對手的差異，就無法吸引消費
者目光。所以聽人家說商品定位很重
要。但我其實不太了解它的含意和手
法。可以簡潔明瞭又具體地說明嗎？

　　走在街上可以看到許多類似的店。如果不是極具特色的商店，應該很難培養常客。

　　商品也一樣。去店裡買必要的東西，結果看到貨架上許多類似的商品，也不知道差在哪裡、該買哪個，因而猶豫不決。我想每個人都有這種經驗。在那個當下要雀屏中選，商品必須有突出的優點。

　　因為技術進步顯著，只要一種商品流行，很快地其他公司就會開發出類似商品緊追不捨。**類似商品不斷問世，消費者就不知道該選哪個才好。**

　　不管開發出多麼好的商品或商店，很快就會出現競爭對手。就算當初是根據劃時代的點子進行開發，也一定會出現追隨者，所以不論是任何商品或商店，最後都一定會和競爭對手激烈交鋒。

　　在這種狀況下，為了讓消費者選擇自家商品或商店，就必須有獨特的魅力。否則只會埋沒在眾多的商品和商店之中。

　　因此差異化策略很重要，「定位」（Positioning）就是差異化的手法。

做出跟對手不同的商品定位

考慮到競爭，要強調自家商品和商店的特徵，以和其他公司區隔，首先就必須知道消費者，對可能互相競爭的各品牌有什麼想法，也就是消費者心中，對各品牌和商品的認知，以及可以喚起消費者什麼樣的感情。

只要能由消費者的認知，和消費者心中被喚起的感情切入，掌握競爭對手的特徵，就可以找出差異化的方向。

因此採用定位的手法，也就是決定位置的意思，在理解人際關係、理解自己時，這也是一個有效的概念，也是行銷時極常運用的手法。

什麼是「定位」？

所謂定位

區隔可能互相競爭的品牌策略。
掌握消費者對可能互相競爭的品牌認知，
和消費者心中被喚起的感情

▼
▼
▼

據此設定自家商品和商店特色
以避免重複

　　假設你打算提供某種商品服務，而且已有其他類似用途的商品服務存在。如果特色重複，就很難抓住大多數顧客的心，所以必須做出差異化特徵，以避免和其他公司，特別是人氣商品服務正面交鋒。

　　因此可以設定幾個主軸，來比較各家公司的商品服務特色。利用這些主軸為各商品服務定位，決定自家商品服務的位置，以避免和強敵硬碰硬。

　　光這樣說明可能不易理解，所以以下用具體事例來說明。

根據訴求，設定主軸

　　假設你要開一家新店。此時必須運用新概念，讓商店醒目突出。如果不能和現有的同業做區隔，就會被埋沒在一堆類似的商店中，無法吸引顧客。所以就試著透過定位來做出差異化。

　　定位時必須設定幾個主軸。

　　例如，要開一家新的咖啡廳，有一個主軸就是要以高級感為賣點，還是以便宜為賣點。如果是前者，關鍵就在於如何醞釀出厚重、沉靜又可放鬆的氛圍；反之，如果是後者，關鍵就在於減降成本，追求方便性。

　　另一個可能的主軸則是氛圍。是要以適合讀書、思考、沉

浸在自己的世界中的氛圍為賣點，還是要以可以和朋友歡樂閒聊的氛圍為賣點？賣點不同，應講究的細節也不同。

讓這兩個主軸垂直相交，然後把同業他店的位置標註在座標軸上，就可以知道同業的店大多集中在哪裡，哪個位置同業的店比較少等。然後就能檢討，為了避免和同業他店硬碰硬，占據哪個位置比較有利。

如果要開餐廳，就要思考以性價比為賣點，還是以講究食材為賣點。不同的賣點講究的細節也不同。

如此這般在**功能面、價格面、設計、觸感、素材、氛圍、耐久性、售後服務等，設定合宜的主軸**，為同業定位後，就可以看出競爭會發生在哪裡，哪裡比較不會激烈交鋒。看出這一點後，再擬定策略，決定如何和競爭對手做出區隔，為了做出區隔又該如何做，找出新店或新服務的具體訴求。

此外，雖然可以讓兩軸垂直相交，把各商店放在平面上的相對位置，但如果有三個以上的主軸，就很難繪成圖。此時也可以把各軸相關得分化為數值，然後用表來表示。

差異化所需的主軸設定

以**高級感**
為賣點

或

以**便宜**
為賣點

以**厚重感**
為賣點

或

以**輕鬆**
為賣點

重視**外觀**

或

重視
內在質感

49

放低姿態處理客訴，
真的有用嗎？

▶ **補救矛盾**

Question

消費者客訴讓我頭很痛。但客訴處理
得好反而可以獲得顧客信任，所以處
理客訴是很重要的一件事，我雖然知
道這一點，但有些客訴實在是欲加之
罪，每次聽到客訴我心情就不好，也
不知道對於奧客的客訴，是不是應該
照單全收？請問到底應該如何處理客
訴呢？

　　現今社會又被稱為客訴社會，對於商品服務內容，甚或是員工態度等，消費者都不斷地提出各種客訴。

　　如果是產品有問題，就是生產者或運送者有錯，但有些客訴的狀況讓人不禁懷疑商品是到貨後遭破壞。可是對於自己的懷疑，廠商總是很難說出口。

　　對於服務內容的客訴，因為事前說明不夠充分，有時會被認定是服務提供方有過失，可是就算仔細說明了，還是有可能因為聽的一方理解不足，而被客訴。而且就算問題出自消費者，服務提供方也很難直接說出口。

　　對於員工態度的客訴，有時當然的確是員工態度不佳，但有時問了員工，卻得到完全相反的回答，讓人不知應該相信哪一方。看每件事都有主觀成分，與其說是誰對，說不定是因為雙方立場看法不同造成的結果。

　　無論如何收到客訴時，有時很難說絕對錯在自己，因而不知如何處理才好。這是很常聽到的狀況。客訴處理得好反而可以留住顧客的心，話雖如此，如果連找碴都照單全收，後果也不堪設想，員工還會累積不滿，很讓人頭痛。

客訴其實是對商品、服務有所期待

企業非常小心處理客訴，因為客訴處理得好反而可以獲得顧客信任。而有關客訴處理的研究，則以「補救矛盾」（Recovery Paradox）最受矚目。

所謂補救矛盾，指的就是當顧客對商品或服務不滿，而提出客訴時，如果企業處理得好，該顧客的忠誠度反而會高於沒有不滿的顧客的矛盾。

什麼是「補救矛盾」？

妥善處理心有不滿的顧客客訴，
該顧客的忠誠度反而會高於
沒有不滿的顧客的矛盾

**客訴處理得好，可以得到對
商品或服務有特殊情感的友善顧客**

也就是說客訴處理得好，可以得到的不是沒有不滿的顧客，而是對商品或服務有特殊情感的友善顧客。

許多研究都證實了此種矛盾的存在。比方說研究證實，迅

速處理或金錢，提升客訴處理滿意度，可提高回購意願。只要能迅速且合宜地處理客訴，即可強化顧客信任和特殊情感，有助於增加交易或回購，口耳相傳擴散好評。

再者，奠定客訴行為研究基礎的政治經濟學家阿爾伯特·赫緒曼（Albert .O Hirschman）表示，顧客之所以提出客訴，並不是因為不滿，而是期待商品服務得到改善。

並非所有不滿意的顧客都會提出客訴，而是本已經不想買，但還是又買了的高忠誠顧客（對該企業或商品有特殊情感的顧客）會提出客訴。因為對高忠誠度顧客而言，與其不買商品，不如提出客訴，反而能期待最終得到滿意的商品服務。

這樣說來，企業當然必須重視提出客訴的顧客。與其厭惡客訴，更應該把客訴當成商機，適當且迅速地處理。

面對奧客不屈服

因為這種見解普及開來，每家企業都很重視客訴處理。

然而進入網路時代後，每個人都可以輕鬆對不特定多數對象發送訊息，甚至出現奧客這種名詞，客訴的顧客性質好像與以往大不相同了？

現在的客訴的原因，好像不再是對商品和企業有期待，

反而像是為了宣洩日常的積怨（見第 29 節），到處虎視耽耽地，尋找有沒有人犯錯？有沒有哪家企業犯錯？一旦找到有問題的商品，或可挑毛病的服務或店員態度，立刻在網路上投書，宣傳負評以消除自己未獲得滿足的需求。這種人是不是越來越多了呢？

發現問題不直接向企業或店家提出，而是馬上在每個人都看得到的網路上投書，這種行為就是證明。因為這種行為，怎麼看都不像是為了企業好，反而像是宣傳負評，把企業或店家逼入死胡同的行為。

從這個角度來看，現代不能單純地將客訴的人，看成是對自家企業、商品服務有好感的人。因此如果店家屈服於不合理的客訴之下，只會增加助長奧客行為，讓企業和商家更為艱難。

所以**對於明顯不合理的客訴，應該採取毅然決然的態度。**

只為釋放壓力的客訴

到了網路
時代激增！　→　補救矛盾不一定適用了

應小心客氣地處理客訴
但對於不合理的客訴，
也應該採取毅然決然的態度

50

壞消息、負評，
為什麼傳得特別快？

▶ 口碑效應

Question

進入網路時代，每個人都可以輕易發送訊息，萬一不小心讓消費者不高興了，不知道他們會上網寫些什麼，因此服務業經營者真的是個個繃緊神經。可是連那種很主觀、一看就很故意、明顯不可信的中傷，還是有很多消費者會當真，導致店家損失慘重，這是為什麼呢？我希望消費者都能冷靜理智一點。

進入網路時代後，每個人都可以隨意發言有關商品服務、商店、旅館等的評價，口碑因此變得很有威力。

過去伊萊休·凱茲（Elihu Katz）和保羅·拉查斯斐（Paul Lazarsfeld）的研究顯示，口碑的影響力是廣播廣告的 2 倍、面對面銷售的 4 倍、雜誌廣告的 7 倍。之後隨著網際網路普及，口碑的效果更是飛躍性提升，完全不是面對面口耳相傳的程度而已。

每個人都親身體會到口碑的效果，**口碑網站如雨後春筍般出現，許多消費者會參考網站上的口碑，決定商品、店家或旅館。但是其實口碑網站也有許多陷阱。**

銷售相同商品服務的競爭對手，常利用這些口碑網站破壞對手風評。

或者是偏激、自以為是的人、攻擊性的人等，因為店員的一些言行而大發雷霆，在網路上留下中傷店員，或店家的投書，這也是常見的現象。

參考這些口碑的一般消費者，很難判斷內容是否正確真實。可是**心中雖然有個聲音，提醒自己真實性，但還是有點在意內容，於是常因此決定買其他商品、去別家店。**

因此產銷商品的企業和賣場、餐廳、旅館等行業，對於網路口碑的反應，可說已經到了神經質的境界。

口碑影響力

以前的口碑影響力是

廣播廣告的 **2** 倍

雜誌廣告的 **7** 倍

▼
▼
▼

進入網路時代……

口碑威力
飛躍性地提升

→ 比起面對面口耳相傳，網路口碑的擴散力更強，而且還
會留下記錄

→ 消費者認為口碑的可信程度遠高於企業花錢打的廣告，
但現在也出現操作網路口碑的銷售方式

口碑影響力越來越大

　　不同於企業主導，透過大眾傳媒傳遞的廣告，口碑是消費者之間自然發生的資訊管道。所以一般人認為口碑比廣告更可信。

　　過去的口碑都是面對面口耳相傳，但進入網路溝通盛行的時代，口碑傳遞的管道也轉為以網際網路為主。

　　事實上因為推特、部落格、臉書或 IG 等社群媒體上的投書或照片，導致特定商品、店家、活動、場所受到大眾矚目，人潮蜂擁而至的現象屢見不鮮。

　　相較於過去面對面口耳相傳，網路口碑有以下特徵。

　　第一個特徵是面對面可以傳遞的人數有限，但網路口碑可以將資訊傳達給素不相識的不特定多數人，更可能一下子擴散開來。

　　第二個特徵是面對面說的話聽完就消失了，但網路投書會留下記錄，影響力永遠存在。

　　關於口碑影響力，有報告指出 38% 的人選擇餐廳時，會參考口碑資訊。也有報告指出電影票房受口碑影響很大。

　　另一個在社群網站上，招募新會員的廣告活動效果比較研究，則顯示媒體宣傳或活動的效果只能持續幾天，但口碑效果可以持續長達 3 週。

 **負評效果勝於好評**

比較好評口碑和負評口碑，發現負評的影響力較大。

薛勒（Chevalier）和馬茲林（Mazlyn）針對亞馬遜（Amazon）和巴諾（Barnes & Noble）網路書店的調查顯示，書店的銷售業績受到負評（1顆星評價）的影響，遠大於好評（5顆星評價）。

這背後可能是規避損失（見第46節）相關的負向認知偏誤（Negativity Bias）作祟。負向認知偏誤，指的就是人會特別注意負面資訊，這個心理傾向。因為我們對規避損失的需求，遠大於增加獲利，擔心陷入負面事態，所以對負面資訊特別敏感。

所以我們絕對不能輕忽負評的影響力。現實社會中也偶爾會聽說，因為負評擴散而陷入經營危機的事例，操作口碑的企業與店家也越來越多。

這麼一來，口碑原本是非營利的資訊，所以大家才會認為可信度高於營利性廣告，但現在也有營利性、人為操作的口碑，影響真實性。

因此，身為消費者，不能盡信口碑，必須靠自己謹慎判斷才行。

身為提供商品服務的廠商，則應該預防口碑遭惡用的可

能，必須花點工夫自行建立直接傾聽消費者聲音的系統，或集
合業界力量經營獨家口碑網站等。

翻轉學　翻轉學系列 060

職場致勝必學的人性心理學

活用 50 種心智法則，掌握人心，
幫你擺脫倦怠、改善人際、有效管理、提升業績
ビジネス心理学大全

作　　者　榎本博明
譯　　者　李貞慧
總 編 輯　何玉美
主　　編　林俊安
責任編輯　袁于善
封面設計　張天薪
內文排版　黃雅芬

出版發行　采實文化事業股份有限公司
行銷企畫　陳佩宜・黃于庭・蔡雨庭・陳豫萱・黃安汝
業務發行　張世明・林踏欣・林坤蓉・王貞玉・張惠屏
國際版權　王俐雯・林冠妤
印務採購　曾玉霞
會計行政　王雅蕙・李韶婉・簡佩鈺
法律顧問　第一國際法律事務所　余淑杏律師
電子信箱　acme@acmebook.com.tw
采實官網　www.acmebook.com.tw
采實臉書　www.facebook.com/acmebook01

I S B N　978-986-507-371-8
定　　價　360 元
初版一刷　2021 年 5 月
劃撥帳號　50148859
劃撥戶名　采實文化事業股份有限公司
　　　　　104 台北市中山區南京東路二段 95 號 9 樓
　　　　　電話：(02)2511-9798　傳真：(02)2571-3298

國家圖書館出版品預行編目資料

職場致勝必學的人性心理學：活用 50 種心智法則，掌握人心，幫你擺脫
倦怠、改善人際、有效管理、提升業績 / 榎本博明著；李貞慧譯 . – 台北市：
采實文化，2021.5
320 面；14.8×21 公分 . --（翻轉學系列；60）
譯自：ビジネス心理学大全
ISBN 978-986-507-371-8（平裝）

1. 職場成功法 2. 工作心理學

494.35　　　　　　　　　　　　　　　　　　　　　110004465

BUSINESS SHINRIGAKU TAIZEN by Hiroaki Enomoto.
Copyright © 2020 by Hiroaki Enomoto.
Originally published in Japan by Nikkei Business Publications, Inc.
Traditional Chinese edition published in 2021 by ACME Publishing Co., Ltd.
This edition arranged with Nikkei Business Publications, Inc.
through Keio Cultural Enterprise Co., Ltd.
All rights reserved.

采實出版集團
ACME PUBLISHING GROUP

采實文化 采實文化事業股份有限公司

104台北市中山區南京東路二段95號9樓

采實文化讀者服務部　收

讀者服務專線：02-2511-9798

職場致勝必學的

人性

ビジネス心理学大全

心理學

活用50種心智法則，掌握人心，
幫你擺脫倦怠、改善人際、有效管理、提升業績

系列：翻轉學系列060
書名：**職場致勝必學的人性心理學**

讀者資料（本資料只供出版社內部建檔及寄送必要書訊使用）：

1. 姓名：

2. 性別：□男　□女

3. 出生年月日：民國　　　　年　　　　月　　　　日（年齡：　　　　歲）

4. 教育程度：□大學以上　□大學　□專科　□高中（職）　□國中　□國小以下（含國小）

5. 聯絡地址：

6. 聯絡電話：

7. 電子郵件信箱：

8. 是否願意收到出版物相關資料：□願意　□不願意

購書資訊：

1. 您在哪裡購買本書？□金石堂　□誠品　□何嘉仁　□博客來
　 □墊腳石　□其他：＿＿＿＿＿＿＿＿＿＿＿（請寫書店名稱）

2. 購買本書日期是？＿＿＿年＿＿＿月＿＿＿日

3. 您從哪裡得到這本書的相關訊息？□報紙廣告　□雜誌　□電視　□廣播　□親朋好友告知
　 □逛書店看到　□別人送的　□網路上看到

4. 什麼原因讓你購買本書？□對主題感興趣　□被書名吸引才買的　□封面吸引人
　 □內容好　□其他：＿＿＿＿＿＿＿＿＿＿＿＿＿＿（請寫原因）

5. 看過本書以後，您覺得本書的內容：□很好　□普通　□差強人意　□應再加強　□不夠充實
　 □很差　□令人失望

6. 對這本書的整體包裝設計，您覺得：□都很好　□封面吸引人，但內頁編排有待加強
　 □封面不夠吸引人，內頁編排很棒　□封面和內頁編排都有待加強　□封面和內頁編排都很差

寫下您對本書及出版社的建議：

1. 您最喜歡本書的特點：□實用簡單　□包裝設計　□內容充實

2. 關於商業管理領域的訊息，您還想知道的有哪些？

3. 您對書中所傳達的內容，有沒有不清楚的地方？

4. 未來，您還希望我們出版哪一方面的書籍？